国际时尚设计丛书·设计

时装设计元素：

时尚珠宝设计

［英］伊丽莎白·高尔顿（Elizabeth Galton） 著
袁燕 刘冰冰 傅点 译

中国纺织出版社

内 容 提 要

本书研究了首饰的发展历史以及艺术首饰、订制首饰和时尚首饰市场，探索了诸如道德践行和市场营销等话题。其次，也对设计过程进行了研究，揭示了如何从最初的设计草图发展成样品，再到整个系列作品的完成。本书同时也关注了如何与消费者、媒体和买手打交道，并且对定价、制造和零售做了调查。

本书还着眼于剖析首饰设计师的日常生活，以及成为首饰设计师所需具备的各项技能；如何从合作设计到成为一个设计团队的一员。本书概要性地展示了各种不同的职业选择，并介绍了一些如今还在一直创作的、极具才华的首饰设计师们的世界。

为了吸引本科生、研究生、新晋的专业人士以及首饰爱好者的关注，对享有盛誉的设计师的独家专访和精美的创意首饰图片则是本书强有力的支撑，不仅提供了丰富的灵感素材，而且也是所有梦想从事首饰行业的设计师们所必不可少的工具书。

原书英文名：Basics Fashion Design: Jewellery Design
原书作者名：Elizabeth Galton
©Bloomsbury Publishing Plc, 2012
This translation of Basics Fashion Design: Jewellery Design is published by China Textile & Apparel Press by arrangement with Bloomsbury Publishing Plc.
本书中文简体版经 Bloomsbury Publishing PLC. 授权，由中国纺织出版社独家出版发行。
本书内容未经出版者书面许可，不得以任何方式或任何手段复制。
著作权合同登记号：图字：01-2012-7435

图书在版编目（CIP）数据

时装设计元素. 时尚珠宝设计/（英）伊丽莎白·高尔顿著；袁燕，刘冰冰，傅点译. --北京：中国纺织出版社，2019.1
（国际时尚设计丛书 . 设计）
书名原文：Basics Fashion Design：Jewellery Design
ISBN 978-7-5180-5686-6

Ⅰ. ①时… Ⅱ. ①伊… ②袁… ③刘… ④傅… Ⅲ. ①宝石—设计 Ⅳ. ① TS941.2

中国版本图书馆 CIP 数据核字（2018）第 259510 号

策划编辑：孙成成　责任编辑：谢冰雁　责任校对：寇晨晨　责任印制：王艳丽

中国纺织出版社出版发行
地址：北京市朝阳区百子湾东里A407号楼　邮政编码：100124
销售电话：010—67004422　传真：010—87155801
http://www.c-textilep.com
E-mail:faxing @c-textilep.com
中国纺织出版社天猫旗舰店
官方微博http://weibo.com/2119887771
北京华联印刷有限公司印刷　各地新华书店经销
2019年1月第1版第1次印刷
开本：710×1000　1/16　印张：11
字数：134千字　定价：69.80元

凡购本书，如有缺页、倒页、脱页，由本社图书营销中心调换

“愈斑斓愈‘危险’的奇境之花”（Amanita Satana Diabolus）项链由烤漆银、镶嵌的翡翠、荧光漆制成，由维克多·卡斯特兰（Victoire de Castellane）设计。

目录

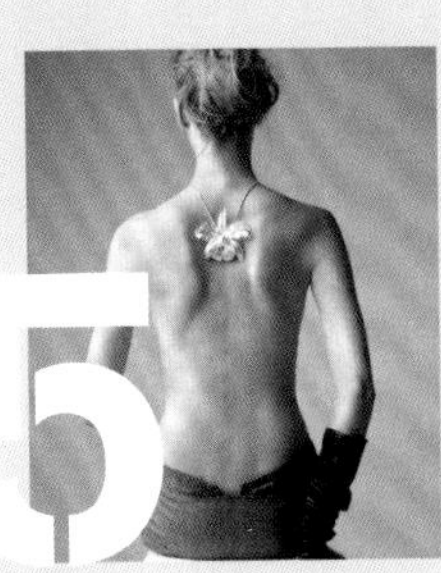

首饰设计师的角色，就是去创造那些既具有视觉吸引力，又具有实用、可佩戴性的首饰。一个成功的设计理念足以挑战传统或颠覆已经为人们所接受的事物；它具有重新解读、再次演绎的能力，也能带来史无前例的运动、时尚和潮流。

首饰设计师的创作空间是无限的，会从无穷无尽的理念、主题、动机和历史文献中找到参考。无论是独立的首饰设计师还是品牌旗下的首饰设计师，他们的创意都是从相似的出发点逐渐推演而来的。

本书首先研究了首饰的发展历史以及艺术首饰、定制首饰和时尚首饰市场，探索了诸如道德践行和市场营销等话题。其次，也对设计过程进行了研究，揭示了如何从最初的设计草图发展成样品，再到整个系列作品的完成。同时，也关注了如何与消费者、媒体和买手打交道，并对定价、制造和零售做了调查。

本书还着眼于剖析首饰设计师的日常生活，以及成为一名首饰设计师所需要具备的各项技能；如何从合作设计到成为一个设计团队的一员。书中概要性地向我们展示了各种不同的职业选择，并管窥了一些如今还在一直创作的、最具才华的首饰设计师们的世界。

为了吸引本科生、研究生、新晋的专业人士以及首饰爱好者的关注，对享有盛誉的设计师的独家专访和精美的创意首饰图片则是本书强有力的支撑——《时装设计元素：时尚珠宝设计》不仅提供了丰富的灵感素材，而且也是所有梦想从事首饰行业的人所必不可少的工具书。

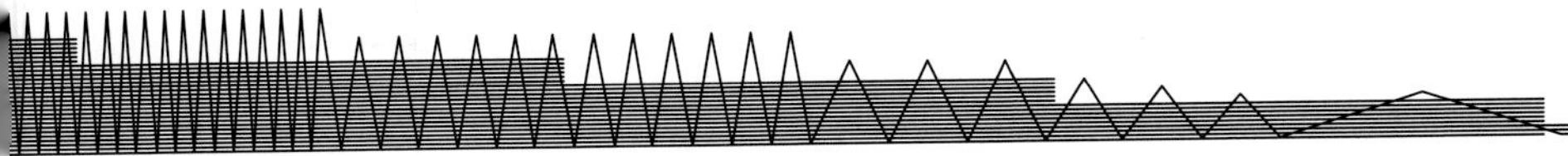

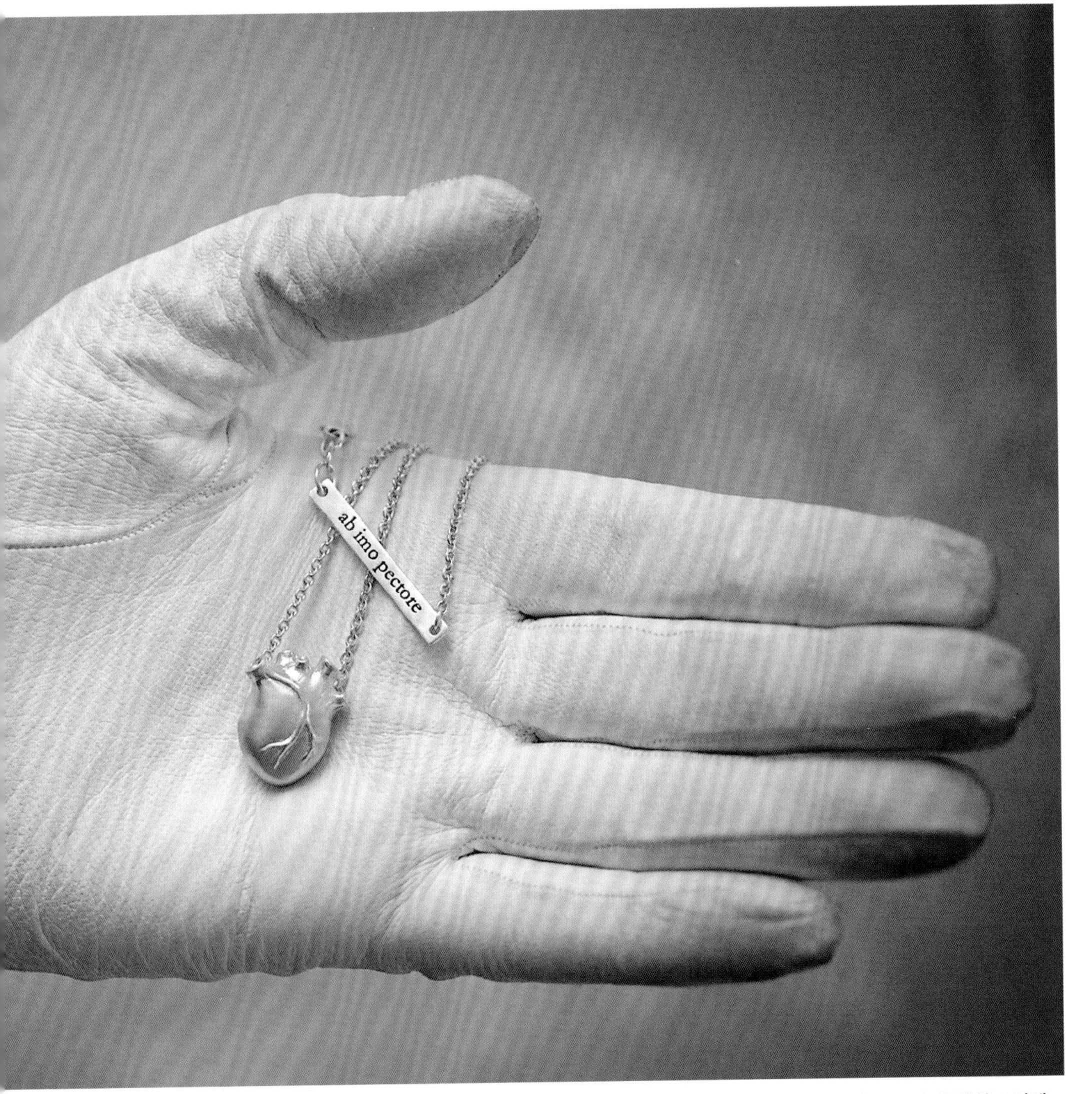

由比约克（Bjorg）设计的心脏造型的项链。项链上的浮雕文字与人类心脏的图形相搭配，捕捉到了首饰的神奇象征意义。

约翰·加利亚诺（John Galliano）为克里斯汀·迪奥（Christian Dior）品牌所创作的首饰，灵感来源于埃及文化。历史和文化方面的素材是设计灵感的丰富来源，而且，长久以来，一直得到首饰设计师们的垂青。

首饰是一种强烈的个人艺术形式，佩戴首饰可以吸引人的眼球，并对佩戴者起到强化和装饰作用。庆典场合或人生的重要时刻，也为人们佩戴首饰创造了绝佳机会，并且将这种情感的精神永久珍藏。古往今来，人们通过佩戴首饰暗示自己的身份与财富。首饰具有超越性别、种族和年龄的力量，并唤起了大多数人们的情感表达，即爱的表达。

“首饰”一词来源于“宝石”，是旧法语“jouel”和在此之前的拉丁语“jocale”两个词的英语化，它的字面意思是“玩物”。

1. 阿兹提克（Aztec）黄金首饰独特的图案和风格为当代的首饰匠们留下了持久而深刻的印象。

2. 古埃及人可以获得黄金来制作护身符、衣领和王冠，并以青金石、绿松石和玛瑙制成的圣甲虫、鸟和魔法球作为装饰。

3. 马赛人的颈饰（Maasai Neckwear）：来自非洲东部的马赛人以制作串珠首饰而闻名于世。

4. 约翰·加利亚诺为克里斯汀·迪奥品牌设计的以马赛文化为灵感的系列饰品。

1

2

本章着眼于首饰的悠久历史，从首饰的起源到20世纪和21世纪的创新设计。针对首饰设计的过往如何对现在产生影响进行了探究。

从以贝壳、动物牙齿、毛发、浆果和种子制作的简单装饰，逐渐发展为兼具护身符和装饰物功能，首饰的发展已经历了几百年历程。已知最古老的首饰是在非洲发现的一条用贝壳制成的项链。这一迹象使我们认定，首饰制作可以追溯到3000~5000年前的古埃及，使用的材料包括玻化珐琅和玻璃。

亚洲，特别是印度次大陆，在首饰制作方面有着极为丰富的遗产，跨越了5000多年的历史。在5000年前，首饰制作在美洲大陆也得到了发展，特别是美洲的中部和南部。阿兹提克人（Aztec）、玛雅人（Mayan）和其他安第斯文化（Andean Cultures）均以制作精细的黄金首饰闻名于世。［译者注：阿兹提克（Aztec）北美洲南部墨西哥人数最多的一支印第安人支系。其中心在墨西哥的特诺奇，故又称墨西哥人或特诺奇人。约130万人（1977），主要分布在中部的韦拉克鲁斯、莫雷洛斯、格雷罗等州。属蒙古人种美洲支。］

在非洲，马赛人（Maasai）是最崇尚华丽的人群之一，并以其串珠首饰著称，这也是他们文化的一个重要方面。纵观世界各国，众多种族族群都是以其别具特色的服装和装饰物而被人们认知和识别的。

3

4

材料

从历史上看，首饰制作的选材可谓多种多样，从纺织品、珠子、骨头、玻璃，到木材、塑料、宝石及半宝石、贵金属和天然形态的介质。首饰的加工工艺和技术也一直在不断地发展变化着。

在许多文化中，首饰被看作是贮藏财富的一种手段。通常，佩戴者会通过在身体的关节部位佩戴夸张的首饰以彰显其财富。例如，巴布亚新几内亚（Papua New Guinea）的部落将羽毛、珍珠贝壳、符木和动物角等塑造成惹人注目的身体装饰。卡扬部落（Kayan）的“长颈鹿”（Giraffe）妇女，生活在缅甸和泰国之间[也称为巴东族（Padaung）]，因佩戴盘绕的颈饰而使脖颈拉伸变形，我们在肖恩·利尼（Shaun Leane）为亚历山大·麦昆（Alexander McQueen）品牌所做的系列设计中的紧身胸衣上，可以看到这种配饰的影子。

部落文化元素被设计师们追捧了数十年。它以现代的表现手法对历史和文化元素进行重新演绎，是一个非常重要的灵感来源。

5

6

5. 佩戴缠绕颈饰的卡扬部落妇女。

6. 由比约克设计的马鬃项链。设计师通过将手工艺、文化和神话故事与更为现代化和都市化的概念相融合，讲述着过去与未来。

7. 肖恩·利尼为亚历山大·麦昆品牌所做的设计，具有缠绕结构的胸衣（1999年秋冬）。

7

首饰和梦幻

长久以来，首饰一直拥有着玄妙或宗教的色彩。例如，具有护身符和辟邪物象征意义的“邪恶之眼”（Evil eye），代表着宗教尊奉信念和符号的“法蒂玛之手”（Hand of Fatima），它们均由贵重金属和宝石制成，在一些文化中被赋予了保护或辟邪的力量。神秘与梦幻的题材为当代珠宝商们提供着源源不断的灵感，尤其是一直倍受青睐的骷髅图案。［译者注：法蒂玛之手（阿拉伯语：خمسة Khamsah，即“五”）是西亚及北非地区常见的一种掌型护身符，在首饰和室内挂饰中应用得很多。穆斯林认为，这一手掌为先知穆罕默德之女法蒂玛的右手，因此而得名。“法蒂玛之手”在历史上对许多社区进行保护，迷信它可以防护邪恶之眼。在黎凡特（Levantine，指叙利亚、黎巴嫩、巴勒斯坦和约旦地区）的基督教徒中，这一护身符被称为“玛丽之手”，玛丽指耶稣基督之圣母玛利亚；而犹太人也逐渐开始使用这一标志，称为“米利暗之手”，米利暗指先知摩西之姐。］

9. 骷髅是首饰设计中的流行元素，如图所示，这些带有铰链式下巴的骷髅袖扣出自迪肯与弗朗西斯（Deakin & Francis）之手。

8. 玫瑰金和水晶制成的骷髅项链，由印度裔设计师马威·科沃姆（Mawi Keivom）创作，将现代风貌与传统元素以折衷的方式完美地融合在一起。

10

11

材料、金属和宝石

首饰是由五花八门的金属、材料和宝石创作而成的。

材料：玻璃、皮革、塑料和麂皮等。

金属：铝、黄铜、青铜、铜、金、钯、铑、不锈钢、纯银［也包括大不列颠银（Britannia Silver）和足银（Fine Silver）］、钛和镀金的银等。

宝石：玛瑙、琥珀、紫晶、海蓝宝石、鸡血石、红玉髓、绿玉髓、黄水晶、珊瑚、钻石、绿宝石、石榴石、翡翠、碧玉、青金石、孔雀石、月长石、黑曜石、缟玛瑙、猫眼石、珍珠、橄榄石、石英、玫瑰石英、红宝石、蓝宝石、墨晶、尖晶石、太阳石、坦桑石（Tanzanite）、虎眼石、黄玉、电气石、绿松石和锆石等。

10.“玛姬”（Magik）魔杖吊坠用18K玫瑰金与天然干邑钻石（Cognac Diamonds）制成。由安娜·德·科斯塔（Ana de Costa）设计，它表现出了象征主义和神秘主义的色彩。

11.“邪恶之眼”艺术吊坠由西奥·芬内尔（Theo Fennell）设计，用18K白金、蓝宝石、钻石和黑色钻石制作（更多关于白金的内容参见第119页）。

首饰是依托于当时的社会和经济因素，历经几个世纪进化而来的。随着时尚潮流的变化，首饰设计也与时俱进，材料的运用已经发展到可以表达情绪和集体意识的程度。

很重要的一点就是要广泛了解首饰的发展演变历史，同时还要了解它与时装和配饰的关系。设计师在进行创意首饰设计时，应该了解首饰设计的前世今生，还要了解社会和经济因素是如何对首饰设计与制作工艺带来影响。

在14~16世纪的欧洲，文艺复兴使首饰业获得了前所未有的显著进步，随着持续不断的探索，人们有机会接触到其他文化艺术和贸易，首饰也得到了更为广泛地运用。

12. 彼得·卡尔·法贝热（Peter Carl Faberge）为俄罗斯宫廷创作的精巧豪华的复活节彩蛋。

13. 人们佩戴具有纪念意义的首饰有数百年的历史。这枚金戒指，大约产自1640年，有一个骷髅头骨宝石嵌槽和上白色釉的交叉腿骨，眼睛和肩部位置镶嵌钻石，戒圈则设计成上黑色釉彩的打结式丝带。

14. 吉赛尔·加纳（Gisèle Ganne）的双环戒指令人联想起维多利亚时代人们喜欢佩戴丧祭首饰的传统，这是对庆典时方可佩戴美丽之物的概念提出了挑战。

15. 杰奎琳·卡伦（Jacqueline Cullen）的手工雕刻手镯是由惠特比矿石（Whitby Jet）制成，镶有18K黄金颗粒和香槟色钻石。设计师为这个墨黑的首饰赋予了一个现代的造型。卡伦使惠特比矿石的运用得以复兴，并在历史性的题材中融入了现代的相关性。

12

13

19世纪

拿破仑·波拿巴于1804年在法兰西加冕称帝，他使法国首饰的庄严感得以复活。珠宝商开始设计配套首饰，如钻石耳环、戒指、胸针、头饰和项链。为了区分首饰商，新的首饰术语应运而生。那些使用便宜材料的首饰商被称为Bijoutiers，相反，使用昂贵材料的首饰商被称为Joailliers，在当今的法国这个称呼仍然在沿用。

伴随着考古学的诞生以及公众对文艺复兴艺术的热爱，人们对于财富的痴迷尚处于未被发掘的状态，浪漫主义成了这一时代的标志。这一时期诞生了一批著名的首饰品牌，包括蒂芙尼（Tiffany）、法贝热（Fabergé）和意大利首饰大师宝格丽（Bulgari）。在此期间，最引人注目的是现代生产方式的诞生。

1843年，在英格兰，杰拉德（Garrad）——世界上历史最悠久的高级首饰公司（1735年建立于英国伦敦）——由维多利亚女王授予皇冠首饰商的荣誉，并相继效力于六任君主。

维多利亚时期，在1861年维多利亚女王的配偶阿尔伯特亲王去世后，“丧祭首饰”及“纪念首饰”变得越来越流行。逝者的朋友和家人佩戴这种首饰来纪念过世的人们。这个传统盛行了几百年，在丧祭首饰中常用的象征之物包括头骨、棺材和墓碑，还有用逝者的头发编的发辫——在很多不同的文化中，头发被看作是生命的象征，而且在很长一段时期内，都与死亡和葬礼相关。

在维多利亚时代，丧祭的图案还包括勿忘我、鲜花、心、十字架和常春藤的叶子。惠特比矿石（一种在英国惠特比镇发现的木化石）也成为这类人工制品的热门材料。

14

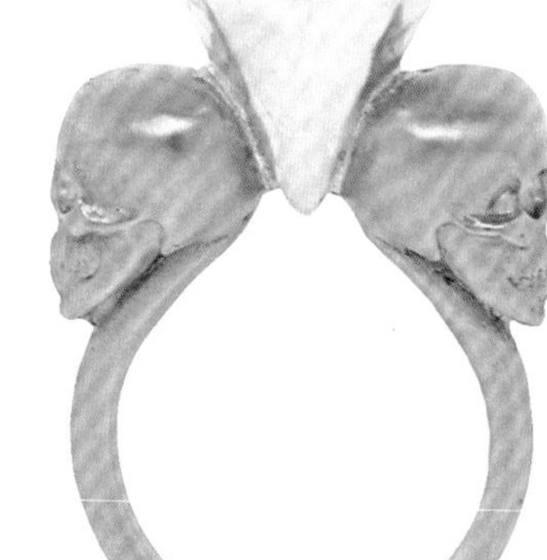

15

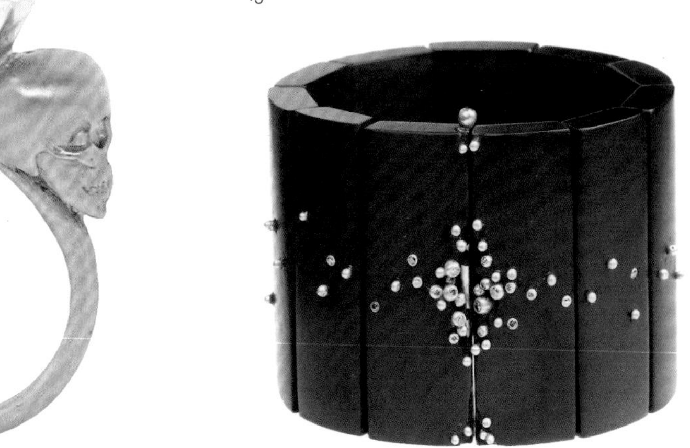

新艺术运动（Art Nouveau）

新艺术运动（1890~1910年达到顶峰）的特点为柔和、有机的美学特征及以花卉、鸟类和蜻蜓为主的图案。在这期间，珠宝商把重点放到不同的色彩中，运用专业的上釉技术来实现，例如景泰蓝（Cloisonne）和镂空搪瓷（Plique-à-jour）。

勒内·拉利克（René Lalique）革命性的创作使他成为一名新艺术风格的大师。微型雕刻是他的特点，其代表图案包括神话传说中的生物、昆虫和奇花异朵，更大胆的是，他所涉及的女性形象是被寓言化的半人半兽。拉利克率先开始探索并非流行的材料，如牛角和象牙，将它们与半宝石、玻璃、珍珠及珐琅相结合。

与此同时，欧洲人开始垂青于受到日本文化影响的首饰、版画、绘画、散文、摄影和诗歌，这被称为日本风（Japonisme，受日本艺术影响的西方美术）。

卡地亚（Cartier）成立于1904年，是另一个在新艺术运动时期极具影响力的珠宝首饰公司。在这十年间，卡地亚的客户被其精雕细琢的首饰及腕表所吸引，包括皇室成员和影视明星。

16. 勒内·拉利克革命性的创作使他成为一名新艺术风格的大师。这是他1897~1898年的设计。“蜻蜓女人”（Femme-libllule）吊坠。
卡洛斯特·古本江基金会博物馆（Musée Calouste Gulbenkian），雷纳尔多·维埃加斯（Reinaldo Viegas），里斯本（Lisbonne）。

16

17

17. 拉利克的名为“一个飞翔的女人”（a Lorgnette Femme Ailé ）的手绘稿。拉利克已注册（©Lalique）。

18

18. 勒内·拉利克于1897~1898年设计的胸花饰品“蜻蜓女人”。（©卡洛斯特·古本江基金会博物馆，雷纳尔多·维埃加斯，里斯本）

工艺美术运动

工艺美术运动的设计理念约在1880~1910年盛行于英国。线性美感是其显著的特征。该运动发端于对工业革命和工业化大生产的反对。它主张回归匠心手艺和创意的独立性。这一理念蔓延到了整个欧洲和美国。

设计师兼作家威廉·莫里斯（William Morris）和理论家兼评论家约翰·罗斯金（John Ruskin）是两位最具影响力的人物。莫里斯以其纺织和壁纸图案设计闻名，他重视匠心手艺和材料的自然美。罗斯金则对艺术与社会之间的关系更感兴趣。

到了19世纪80年代，莫里斯已经成为国际知名且商业方面成功的设计师和制造商。新公会和社会开始采纳他的想法，首次提出在建筑师、画家、雕塑家和设计师之间推出统一路径。在这种情况下，他们将工艺美术的理想带到了一个更为广泛的公众面前。

19世纪90年代，阿瑟·莱森拜·利伯帝（Arthur Lasenby Liberty）——利伯帝百货商店（英国）的创始人，开始对从工艺美术运动和新艺术运动角度做设计产生兴趣。

1899年，首饰设计师阿奇博尔德·诺克斯（Archibald Knox）开始为利伯帝设计，他的作品受到了工艺美术运动的影响。

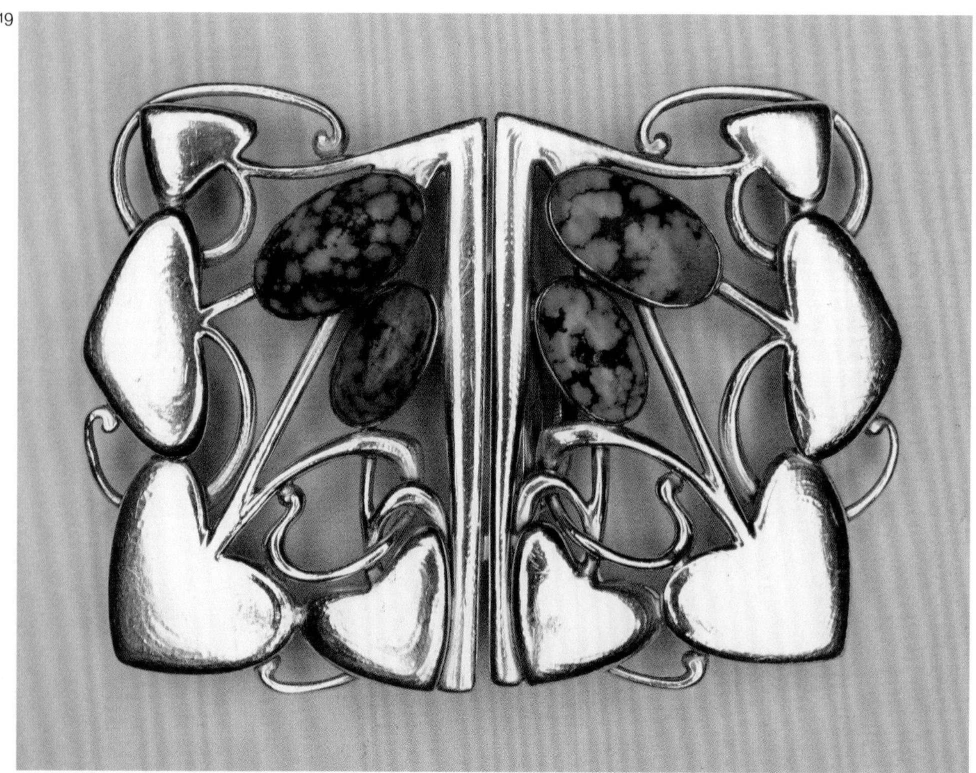

20世纪20年代

第一次世界大战（1914~1918年）之后，接踵而至的是经济和社会的压力，同时也为人们带来了一个严谨苛刻但也简洁利落的风貌。装饰艺术（Art Deco）是在20世纪20年代男孩风貌（Flapper）时期、爵士时代和机械时代流行开来的创新设计风格。它集中体现了流线型造型和简约、抽象的几何图案，以及引人注目的图形色彩使用，尤其是红色、黑色和绿色。这一艺术形式受到了来自埃及的法老、亚洲、非洲部落、立体主义和未来主义艺术运动的影响。

装饰艺术将工业化大生产与艺术的敏感及先前已经消逝的设计相结合。能够体现这一时代艺术特征的艺术首饰，则包括卡地亚（Cartier）、吉恩·代斯普利司（Jean Despres）、宝诗龙（Boucheron）、约瑟夫·尚美（Joseph Chaumet）、雷蒙德·唐普利耶（Raymond Templier）、拉克洛克·弗雷斯（Lacloche Frères）和江诗丹顿（Vacheron Constantin）。（译者注：男孩风貌，Flapper，原意为片状物，后用来指20世纪20年代流行的时髦样式，指举止与衣着不受传统拘束的轻佻女郎，因当时流行的样式是衣身瘦长，胸部扁平，留短发，像男孩一样，因此，也被称为扁平样式时期。）

19. 阿奇博尔德·诺克斯为利伯帝设计的作品，也是英国工艺美术运动的代名词。

20. 露易丝·布鲁克斯（Louise Brooks），20世纪20年代的默片明星，她凭借大胆的几何样式的首饰造型和对雷蒙德·唐普利耶设计作品的特殊喜爱而闻名。

21. 露易丝·布鲁克斯的几何化造型的短发和垂于臀部的别致珍珠项链成为这个时代的缩影。

20

21

20世纪30年代

服装或时尚首饰，因其所具有的廉价、一次性使用的“用后即弃”的特性，在20世纪30年代广泛流行开来。就材料使用方面没有明显的价值，通常只为搭配体现某个特定风貌而设计。

作为服装配饰的首饰，选料主要以廉价的仿造宝石为主，例如人造钻石，材料则包括有机玻璃、锡、银、铜和镍。

眼光独到的设计师可可·夏奈尔（Coco Chanel）带动了“人造”饰品或者“服装配饰”的流行，在1932年以星星和彗星为灵感创作了“一次性”钻石系列，这是巴黎大萧条之后的变革产物。

22

22. 可可·夏奈尔一跃成为巴黎首屈一指的时装设计师之一。思想先进的她用舒适休闲的优雅裙装取代了紧身胸衣，并倡导佩戴服装配饰。

一个女人应该善于将真假饰品进行混搭。如果要求一个女人佩戴货真价实的首饰，正如同要求她用真花来装饰自己，而不是穿上布满印花图案的丝绸。这样的话，她的美会在短短几小时之内褪去。我爱人造材质，因为我觉得这样的首饰更具挑衅意味，同时我发现，仅仅为了证明很富有而在脖子上佩戴数百万的饰品走来走去，是很令人感到羞耻的。首饰的重点不是让女人看起来多么富有，而是为她增光添彩；这完全是两回事。

——可可·夏奈尔

首饰可以使人们不再注意你的皱纹！

——伊丽莎白·泰勒（Elizabeth Tylor）

20世纪40~50年代

在“二战”时期，纯银（参见第120页）常常被运用到服装配饰的首饰设计中，但由于它是生产战时物资所需的最基础的金属之一，因此被禁止用于其他领域。

当代首饰运动始于20世纪40年代末，并恰恰迎合了人们对于艺术化和闲适生活追求等审美趣味的复苏。在20世纪40年代，设计师将天然材料与塑料等其他现代材料，如酚醛塑料（Bakelite）的混合使用。这一时期的优雅风貌是通过大量的花卉、旭日形首饰以及芭蕾舞女演员的图案来表达的。

在20世纪50年代，首饰设计更加朴素淡雅，其目的在于与那个时代的高级定制造型相匹配，迪奥先生大胆的“新风貌”就是当时最具特色的样式。大胆的首饰，如硕大的、厚实的手镯，以及饰以翡翠、猫眼石、黄水晶和黄玉等半宝石的迷人手镯，变得大受欢迎。

23

23. 精湛的工艺与极富个性的智趣完美结合。西奥·芬内尔极富现代感的“唇”之魅惑让人联想起夏帕瑞丽（Schiaparelli）早期的唇形胸针，这是超现实主义画家萨尔瓦多·达利（Salvador Dali）在1949年为她而做的设计，灵感来源于梅·韦斯特（Mae West）的充满诱惑的笑容。

24. “杜伊勒里宫（Tuileries，巴黎旧王宫，现为公园）”的黄玉首饰，是克里斯汀·迪奥1956年的设计，由项链、手链和头部装饰配套组成。

25. 备受推崇的奥黛丽·赫本（Audrey Hepburn）的标志性样式，正是来自于她在电影《蒂凡尼的早餐》（*Breakfast at Tiffany's*）和《甜姐儿》（*Funny Face*）中所佩戴的首饰。她的风格，介于较正式的20世纪50年代与更加放松的60年代之间，正好弥补了这一空缺。

24

25

20世纪60年代和70年代

这一时期的现代首饰运动是由先锋派的美国和欧洲的首饰设计师们率先在20世纪60年代发起的，并且在工业用金属的使用方面有了新的突破，如铝和不锈钢。亚克力（Acrylic），如透明合成树脂和有机玻璃等，在波普艺术风格的首饰中被广泛使用。可取用塑料的类别和可印花尼龙的范围的扩大，展现出一个勇敢的新世界——人类探索未知新领域的“太空时代”。

设计师，如艾米・凡・里萨姆（Emmy Van Leersum）和吉斯・贝克尔（Gijs Bakker）以中性化的金属装束捍卫了新的时代，但同时，这种装束也因其突出强调穿着者的性感部位而饱受争议。极富现代感的几何造型模糊了艺术、时尚与首饰之间的界限，也引发了人们对首饰与身份相关性的讨论；对于创意理念价值重要性的强调，取代了对首饰自身价值的强调。

肯尼思・杰・莱恩（Kenneth Jay Lane）和艾尔莎・柏瑞蒂（Elsa Peretti）于1974年加入了蒂芙尼公司，是当时与时尚圈打交道的知名的美国首饰设计师。

26. 艾米・凡・里萨姆在1968年穿着她自己设计的带有铝制高领的服装。作品收藏于斯海尔托亨博斯市立博物馆（Stedelijk Museum's Hertogenbosch）。

27

27. 艾尔莎・柏瑞蒂的极简主义首饰拥有流畅的线条和性感的造型，在首饰界引发了轰动，她在20世纪70年代创作的图案历经30年而依然经久不衰。

20世纪80年代

对于首饰设计而言，时尚已经成为重要的影响因素，正是那些喜欢繁缛的巴洛克风格和鲜亮色彩的设计师使得服装配饰的发展不断向前推进，这些设计师包括克里斯汀·拉克鲁瓦（Christian Lacroix）、范思哲（Versace）以及为夏奈尔品牌做设计的卡尔·拉格菲尔德（Karl Lagerfeld），他使夏奈尔的许多理念得以复苏和重新设计。

演艺明星和与日俱增的流行音乐视频也对首饰设计的潮流起到了引领作用。例如，一些首饰在很大程度上与美国诞生的本土"嘻哈"文化紧密相连。之后，这种先锋音乐文化还创造了"bling bling"这个术语，说唱和嘻哈明星通过佩戴沉重的黄金首饰和穿着各种名牌服装来炫耀自己。

首饰常常用来表达一个人与某个特定群体之间的从属关系。在20世纪70~80年代，朋克运动利用身体穿孔、佩戴铆钉、金属链条和安全别针创造出一种极富刺激感的外观，这是对当权者的反叛回应，也被看作是一种新生的、极具影响力的年轻文化产物。这是一个迄今为止对珠宝商、时尚设计师和年轻文化不断带来灵感的主题。

28

28. 20世纪80年代，音乐对首饰样式的影响举足轻重，例如明星托亚·威尔科克斯（Toyah Wilcos）和麦当娜（Madonna）带来了混搭和叠加的奢华首饰风格。
29. 在当代，吉赛尔·加纳的离婚指节戒指则意味着一段感情的结束和即将逝去的婚姻。

20世纪90年代

20世纪90年代，极简主义设计师引领着时尚趋势，如吉尔·桑达（Jil Sander）、唐娜·卡伦（Donna Karan）、海尔穆特·朗（Helmut Lang）、乔治·阿玛尼（Giorgio Armani）和卡尔文·克莱恩（Calvin Klein），与此同时，首饰也体现出这个时期的极简格调。80年代的浮夸与炫耀被削弱，取而代之的是朴素的美学观和柔和的色调，如极简造型的耳钉，深受时尚偶像卡罗琳·贝赛特·肯尼迪（Carolyn Bessette Kennedy）的喜爱。高端艺术首饰是传统首饰公司的独家收藏，哈利·温斯顿（Harry Winston）和卡地亚就是很好的例子。

在19世纪后期，美国的首饰业开始针对男士和女士推出定制结婚戒指的业务。他们鼓励从市场营销战略的角度开展活动，在第二次世界大战期间，男士结婚戒指业务表现出了显著上升的势头（1939~1945年）。这项业务已经扩展到一个高利润的行业，包括庆典戒指、对戒（由情侣交换）以及意味着爱、合作和新生的庆典首饰。

现代主题在品牌产品设计中流行开来，卡地亚以金螺丝的创意为基础推出了标志性的“挚爱”系列，也是对爱情坚不可摧的现代演绎。

一位逆潮流而动的设计师，创造出了一个新颖别致的庆典首饰和文化符号，他就是吉赛尔·加纳，他所设计的“离婚戒指”反映了我们破碎的时代。如今，在英国有42%的婚姻以离婚而告终，在法国这个比例也占到了38%。吉赛尔·加纳的离婚首饰在古老和现代的婚礼习俗中都适用。在法国，婚礼后会将一个盛放花束和皇冠的球状玻璃器皿交给新娘。所有内部的装饰都象征着联盟并为婚姻带来好运。吉赛尔不仅表达了联盟与婚姻，同时也颠覆性地表达出分手的不可避免，而且，也表明经历了这些之后，新生活才会真正到来。

29

新工艺

20世纪末，欧洲设计与东方技艺出现了融合的现象，如木纹金属工艺（一种包括金属层的熔化和层压的过程）以及新工艺，如马鞍形切面的打凸成形工艺，这是一种将金属薄片的边缘部位挤压，同时将中心部位拉伸塑形的工艺过程。此外，还有其他加工方式的运用，如液压成形、折叠成形、金属阳极氧化、蚀刻照片和计算机辅助设计（CAD）和计算机辅助制造（CAM），使人们看到首饰制作的范围进一步扩大。

30. 托马斯·杜诺锡克设计的袖口，灵感来源于切斯特菲尔德沙发（Chesterfield Sofa）以及与19世纪贵族有关的休闲椅（Club Chairs）。绗缝皮革纹样与稀有材料的结合使用显得奢华而富有魅力。

在高端艺术首饰行业内，时尚成为重要的源动力，而品牌化首饰自身也得到了迅猛发展。奢侈品集团如酩悦·轩尼诗—LVMH集团[旗下拥有弗雷德（Fred）、尚美巴黎（Chaumet）、戴·比尔斯（De Beers）和宝格丽（Bulgari）]，以及顶级时尚品牌如夏奈尔（Chanel）、迪奥（Dior）、爱马仕（Hermes）和古驰（Gucci）都已经渗入了高端艺术首饰的市场，他们所创作的产品更适于当代生活方式。一度由老牌珠宝公司所掌控的高端艺术首饰，现在则可以将时尚气息与具有恒久价值的材料相结合，尽享复兴。

波兰设计师托马斯·杜诺锡克（Tomasz Donocik，英国2011年度首饰设计师得主）是一位擅长颠覆运用、重新演绎古典主义和男性化气质的设计师。他通过各种主题来进行系列创作，他的灵感大多来自文学、文化和建筑。他的设计往往大胆并具有雌雄同体的特点，同时还通过一系列材料的开发来挑战传统饰品的概念。

未来

随着21世纪的发展，首饰界也在迎接新技术，特别是计算机辅助设计（CAD），在很多建筑设计和航空业中都被广泛应用。传统的首饰制作与创新的生产方式并存，例如超细激光雕刻和激光焊接可以使设计人员制作出更精致、更细腻的作品。 新技术还包括新的高科技塑料、激光和高压水切割技术、计算机辅助设计成像及新的金属合金，如蒂芙尼的“Rubedo”系列（在拉丁语中是“红色”的意思），是铜、银、黄金的粉红色混合物。

在加工方面的诸多进步，如用激光把一些肉眼看不到的词语或信息雕刻在石头上，将工匠技艺与高科技方法相结合，有助于界定一种新的美学观，因此以往的传统手工艺行业也在与时俱进。

首饰加工所选用的材料，如比钢更强更轻的钛，带来了在以前根本无法想象的刺激、新颖的设计。

创新的零售发展使高科技和高端首饰融为一体。霍尼森（Holition）是一位3D增强现实技术的引领者，他运用该技术为网上购物添加了一个新的虚拟维度。

该3D数字体验要求消费者在网上下载软件并剪切出一个产品的纸质模型，这样他们就可以虚拟“试戴”了，看看他们佩戴首饰的效果，或者在计算机的屏幕前将它举起。这种互动元素对数码玩家和年轻消费者来说具有极大的吸引力。

31

31. 萨拉·赫瑞特（Sarah Herriot）设计的18K黄金“扭转与呐喊”戒指。由于她对先进的三维设计技术的熟练采用，从而得到了一个独特而鲜明的建筑体系结构品质。

访谈：

安妮·卡佐罗-吉奥内（Anne Kazuro-Guionnet）

32

32. 安妮·卡佐罗-吉奥内

33

33. 拉利克“阿瑞图萨启示录”（**Aréthuse Révélation**），银质的戒环和透明切割祖母绿水晶，2011系列（拉利克已注册）。

34

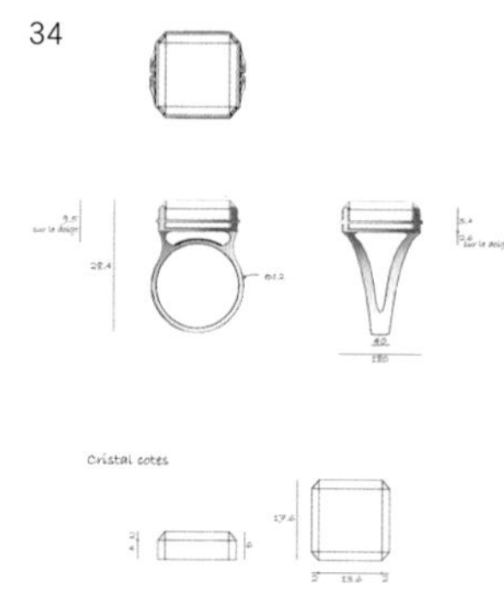

34. “阿瑞图萨启示录”戒指的工艺图（拉利克已注册）。

安妮·卡佐罗-吉奥内是拉利克的首饰部主管。在1885年，勒内·拉利克创立了自己的同名品牌，他的新艺术风格使得法国首饰凭借自身的优势，从一个产业转为一种艺术形式。拉利克也以其玻璃作品而闻名。

拉利克是一个备受关注的传统公司，你将如何重新诠释设计美学？

我从拉利克的DNA开始研究，从四个方面探寻灵感来源：充满灵欲的水、令人迷醉的空气、富丽堂皇的土地和具有超凡魅力的火。之前的故事都是以年为单位来赋予意义的，我们分析了勒内·拉利克留下来的首饰手稿（图案、体量、色彩和佩戴方式），并与先前的这些故事进行匹配。我们在尊重拉利克风格的同时，将这些融合在一起并重塑设计美学（从新艺术运动到装饰艺术）。

你如何使传统与现代设计获得平衡？

传统元素不应该是简单地重演，而应该与现代设计达到很好的平衡，因此，你必须牢记以下三个设计原则。

1. 理解传统的意义。从我的角度来看，“传统的意义”是建立在独立的故事、独特的风格、特定的图案和多种不同的灵感来源之上的。

2. 保持一个折中的和国际化的视野，同时在符合道德习惯的基础上，将宝石学的专业知识与技术创新和市场统计相平衡。如此这般，当代设计才可以获得。

3. 对传统保持热情并使其在未来年轻人中保持活力。

你会如何描述你的设计风格？

我的设计风格是建立在四个原则之上的：体量感、极大反差的造型、充满对比的肌理以及材料的混合使用。

35

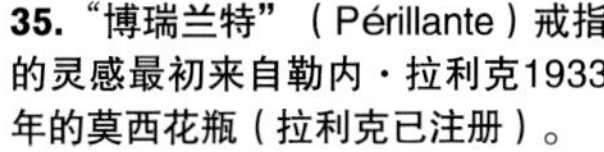

35.“博瑞兰特”（Périllante）戒指的灵感最初来自勒内·拉利克1933年的莫西花瓶（拉利克已注册）。

36

36. 拉利克“博瑞兰特”银色和透明水晶戒指，2011系列（拉利克已注册）。

37

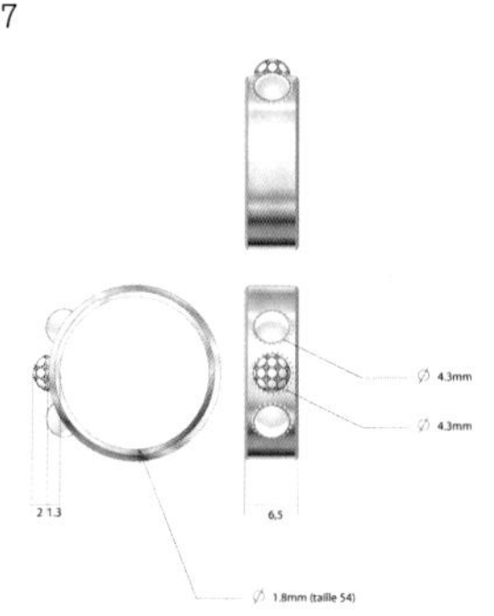

37. 拉利克“博瑞兰特”戒指的工艺图（拉利克已注册）。

你如何开启你的系列设计？

拉利克珠宝具有四点核心策略。

1. 以简约方式构建系列。

2. 更新系列，建立三大类产品：吸引眼球的产品（最大胆、最高端的定位）、庆典礼仪的设计（如婚礼或庆典产品）和日常的普通产品。

3. 开发系列时，着眼于限量版，市场垄断越来越适应我们的新受众，并创造出令人梦寐以求的标志性的设计。

4. 着眼于使我们的设计更加符合可持续发展，并可加强这一系列。

通常，设计过程来源于当年的主题故事，同时参考经典的设计档案，将现代方式的演绎和市场营销的战略趋势相结合。

一年中你会设计出多少系列？

我们正在筹备今年第一季和第二季的系列，并打算可以延续到之后两年。

设计团队的结构是怎样的？

首饰的团队由一位设计师、一位产品经理、一位业务发展和营销经理、一位研发和质量控制经理与我自己组成。

你会给年轻的设计师什么建议？

谦逊，始终保持五官感觉随时处于被唤醒的状态。

你将来的计划是什么？

我们希望将更多隐藏和未曾公开的有趣的历史服装公之于众，使它们继续以其最真实可信的状态存在。

调研和认识理解历史以及文化背景是设计的重要组成部分。初期调研应涉及到可以启发你做设计的所有出发点以及可以为你带来灵感的几乎所有事物。例如，参观美术馆、博物馆、商店和市场以及探索其他文化和着装方式。从电影、历史或文学中获得的主题也是可以点燃创意的绝佳出发点。看看可以启发灵感的店铺橱窗和你所仰慕的时尚大牌的视觉营销展示。

38. 由蕾拉·阿普杜拉（Leyla Abdollahi）设计的耳环由18K黄金打造，镶有绿紫晶、浅蓝色宝石和白蓝宝石。该设计是为了颂扬神话，灵感来源于与波斯（Persia）齐名的奥克尼斯（Okeanis），太阳神赫利俄斯（Helios）爱着她。

38

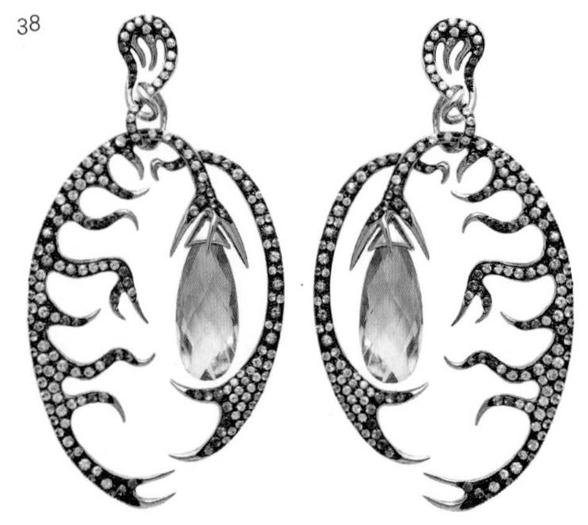

- 你的调研越多样，就越有可能获得一个成功的结果。
- 选择一个吸引你的重要的历史时期或文化并沉浸其中——这可能包括文学、艺术或建筑或色彩、风格、部落服饰或时尚。
- 从你的研究出发，建立一个包括照片、书籍、材料和文本的剪贴簿。
- 我们的目标是建立一个对你的设计有所启发的视觉库，并帮助你建立起你自己独特的设计标签。
- 考虑一下你如何演绎或颠覆你所选择的历史或文化文献，并以现代的方式转译它。
- 这可能包括将一个意想不到的材料或色彩融入一个传统图案，或者与某一特定时期或文化相关联的事物中。探索一种新的思路，可以更好地走近传统的服装制式或首饰样式，带入现代的意味和意想不到的元素。其目的在于，可以使你的观众在同一时间内既能看到历史的参考，又为他们提供了一个全新的、动态的新视角。
- 接下来，看一看某些特定的群体，如爱德华七世时代的花花公子（Edwardian Dandies）、嘻哈（Hip Hop）、朋克（Punks）、部落（Tribal Communities）以及街头文化（Street Culture）。日本的“原宿”（Harajuku）风格就是从新的潮流趋势和不同风格中脱颖而出的。
- 从配饰、首饰和服装的角度，分析这些群体如何运用和界定他们的色彩、肌理和造型。
- 这些选择是如何带来人体体态的强化或扭曲变形？它们是否具有挑衅性或可穿性，是否过度夸大或过度低调？

39

40

39. 日本女孩穿着“原宿”风格的街头时装。青年文化对设计师的预测仍然带来重大影响。

40. 这枚图章戒指出自于史密斯/格瑞（SMITH/GREY）设计的“常春藤暗黑”（Ivy Noir）系列。该系列是在常春藤联盟（Ivy League）风格的基础上演变而来的，诠释出黑暗的一面。

由肖恩·利尼运用“施华洛世奇元素”，为“施华洛世奇T台展示系列”设计的名为“美女的谎言”（Belle a Lier）的身体装饰。

首饰与时尚和生活领域（相对于工艺及艺术首饰运动而言）息息相关，由几个主要的大类组成，这些类别包括：高端艺术首饰、时尚配饰、走秀（T台）首饰；每一类都有其独特的市场定位和客户群。虽然设计者可以专注于一个领域，但他们必须对市场有一个全面的认识，使产品具有全面性和多样性，从而确保其宽广的商业化线路。

设计师的极富创造力的个性标签也可以用来阐释其他的产品种类，如手表、墨镜和皮革制品，如手提包、皮带及其他饰品。

本章介绍了首饰的主要类别及相关话题，比如道德践行和新技术。随着本书内容的展开，我们将和你一起探索各种首饰知识，其目的在于帮助你设计出自己的首饰系列。

1

高端艺术首饰及高级定制的首饰公司

高端艺术首饰及高级定制的首饰是以其传统、精湛的工艺及稀有金属和宝石的运用而被赋予意义的。这些令人向往的品牌所代表的是奢侈首饰市场中的上流阶层，专门面向富人和收藏家。

例如：布多斯（Boodles）、卡地亚、戴·比尔斯（De Beers）、梵克雅宝（Van Cleef & Arpels）、哈利·温斯顿。

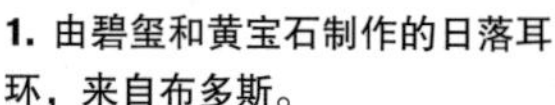

1. 由碧玺和黄宝石制作的日落耳环，来自布多斯。

超级大牌

国际时尚大牌以其宽广的奢侈品线路为特色，包括配饰、时尚首饰（部分高端艺术首饰）及手表。这些奢侈品都具有极高辨识度的标志性图案、标识和特定的品牌色彩。

例如：古驰，爱马仕，路易·威登（Louis Vuitton）。

中端市场品牌

中端市场品牌处于大众市场和奢侈品市场之间，通过专卖店、百货公司和机场店进行零售。中端市场由首饰品牌或时尚品牌构成，形成了主要由半宝石首饰及入门级艺术首饰组成的高性价比系列，被人们称作“消费得起的奢侈品”。

例如：热点钻石（Hot Diamonds），伦敦链接（Links of London），潘多拉（ Pandora）。

商业化市场

商业化的时尚品牌主要在高端街区售卖。通常是直接从制造商那里获得现成产品，或是驻店设计师对现有首饰进行改制而来的定制产品。这些产品往往具有极强的潮流导向和快速的消费周期。

例如：克莱尔饰品（Claire's Accessories），芙丽·芙丽（Folli Follie），托普·少普（Topshop）。

独立品牌

这些首饰类别主要出自于独立设计师，他们可以根据他们的价格区间和品牌定位提供跨越不同层次需求的产品。通过贸易展览、网站、品牌集成店、网上门店和首饰展馆，以及一些独立门店，这类首饰品牌直接面向消费者和零售店买手。这类首饰往往也包含艺术首饰，更注重设计概念以及特种材料的应用。

例如：汤姆·宾斯（Tom Binns），史密斯/格瑞，莫妮卡·维纳德（Monica Vinader）。

2

2. 金马圈耳环来自史密斯/格瑞的“放荡不羁的马”（I Can't Seem to Get Rid of the Horses）镀金系列。

T台首饰由一次性的展示品组成，主要为走秀而设计。这是一种非常特别的、极富创造力的定制首饰。这些创意首饰不需要受限于商业性和实用性，而是为设计师提供了一个完全自由展示创意的机会。这是一个创意迸发的时刻，对于传统的首饰概念、佩戴场合及佩戴方式而言，也是一种挑战。

不断为我们带来灵感的设计师及珠宝商，他们创作的产品为我们确立了不同的风格流派

亚历山大·伯恩（Alexandra Byrne），侯赛因·卡拉扬（Hussein Chalayan），伊格·相普林（Igor Chapurin），埃里克森·比蒙（Erickson Beamon），菲利普·费兰迪斯（Philippe Ferrandis），扎哈·哈迪德（Zaha Hadid），科特·赫尔姆斯（Kirt Holmes），克里斯托弗·凯恩（Christopher Kane），肖恩·利尼，朱利安·麦克唐纳德（Julien Macdonald），詹妮·曼尼克·莫西亚（Jenny Manik Mercian），科托·莫尔泰杜（Corto Moltedo），努什（Nusch），奥塔苏（Otazu），约翰尼·罗克特，马里奥·施瓦博（Marios Schwab）以及雷思丽·维克·瓦德尔（Lesley Vik Waddell）。

3.“爱之创伤”（Love Hurts）系列在身体上缠裹装饰及水晶文胸，由约翰尼·罗克特（Johnny Rocket）设计，是为施华洛世奇走秀首饰系列而设计的，运用了“施华洛世奇元素”的水晶元素。

4.“水晶泡沫”（Crystal Bubbles）系列头饰，由娜奥米·费尔默（Naomi Filmer）设计，是为施华洛世奇走秀首饰系列而设计的，运用了“施华洛世奇元素”的水晶元素。

3

4

5 走秀首饰展品大多都很奢侈，其目的是为了获得媒体的报道；它们通常是与时装设计师合作诞生的产物，设计师会运用定制首饰作为时装T台展示的压轴大秀。T台展示传达出本季的创意构想，像工艺品和高级定制线路则带动了主线成衣系列的销售，其影响将渗透到主流市场中。

T台展示设计作品将比例和材料的界限逐渐推进，其比例往往不适合日常穿着佩戴。它们为首饰、装饰品、时尚、艺术和雕塑等创意的相互滋养创造了绝妙的机会，从而创作出发人深省的作品。虽然，它们不一定都是由珍贵的材料制成，然而这些作品将有一个概念性的价值。

施华洛世奇广受好评的“施华洛世奇T台展示”系列，其特色在于最前卫的国际设计人才设计出了世界上最具视觉冲击力的走秀首饰。该品牌拥有悠久的与时装和珠宝行
6 业合作的传统，目前已经研发出精密切割的优势技术，成为水晶、纯净宝石和创意宝石切割技术的引领者。这些产品已成为施华洛世奇的时装走秀首饰的主要组成部分。

5.“天蓝之境”（Celeste）项链和袖口，由扎哈·哈迪德设计，是为“施华洛世奇T台展示”系列而设计的，运用了施华洛世奇宝石。

6.“魔法”（Enchantment）颈饰，由雷思丽·维克·瓦德尔设计，是为“施华洛世奇T台展示”系列而设计的，运用了“施华洛世奇水晶元素”。

高端艺术首饰的特点在于其独特的设计和完美的工艺。它们所采用的稀有金属和宝石具有极高的价值，也是传世之宝。高端艺术首饰的中心是伦敦的邦德街（Bond Street）和旺多姆广场（Place Vendome）——巴黎第一区的十七世纪广场。在美国纽约的第五大道也汇集了众多著名的艺术首饰品牌。

我们这个时代最前卫的设计师当属为迪奥品牌高级艺术首饰做设计的“高级定制珠宝”（Haute Joaillerie）设计师——维克多·卡斯特兰。她负责设计那些最为充满生机的高端艺术首饰，她的作品都像是艺术品。其作品的特点更像是一个充满了各种糖果色彩和稀有宝石的万花筒，而她更善于从历史和当代元素混合使用中获取灵感。

7

7.“阿莫迪洛”（Armour-dillo）戒指，由18K白金、黑钻石和祖母绿制成。来自设计师斯蒂芬·韦伯斯特的“女作家与谋杀案”（Murder She Wrote）系列。

高端艺术首饰品牌

埃斯普雷（Asprey），宝诗龙，宝格丽，卡地亚，维克多·卡斯特兰，夏奈尔高端艺术首饰（Chanel Fine Jewellery），尚美，肖邦（Chopard），戴·比尔斯，法贝热，西奥·芬内尔，杰拉德，格拉夫（Graff），H.施特恩（H.Stern），JAR（Joel Arthur Rosenthal），拉利克，肖恩·利尼，马平与韦伯（Mappin & Webb），莫伯森（Mauboussin），御木本（Mikimoto），张王幼伦（Michelle Ong），伯爵（Piaget），里茨高端艺术首饰（Ritz Fine Jewellery），让·史隆伯杰（Jean Schlumberger），梵克雅宝，路易·威登高端艺术首饰（Louis Vuitton Fine Jewellery），斯蒂芬·韦伯斯特以及哈利·温斯顿。

8

8、9. 维克多·卡斯特兰的首饰灵感来自于许多参考文献，包括彩色染印技术所带来的人造奇观；格林兄弟（Brothers Grimm）童话故事、华特·迪斯尼（Walt Disney）中的人物和日本漫画人物。

9

时装首饰的主要佩戴目的在于彰显时尚元素和设计感，它们从流行趋势、质地、色彩等方面获取灵感。设计师运用各种各样的材料，如半宝石和非贵金属材料等，与高端艺术首饰价格相比，时装首饰的价格定位则更能让人承受。时装首饰本身就是一种时尚宣言，始终以其自身的方式展现个性。

10

10. 复古设计的叶子造型吊坠，配黑玛瑙圆盘和蓝色磷灰石链，由丹尼斯·曼宁（Denise Manning）设计。
11. 由玛丽·卡特兰佐（Mary Katrantzou）设计的“阿特利尔·施华洛世奇”（Atelier Swarovski）系列项链，水晶制作。
12. “阿特利尔·施华洛世奇”系列彩色手环“博尔斯特”（Bolster），由克里斯托弗·凯恩设计。
（译者注：“阿特利尔·施华洛世奇”是施华洛世奇打造的顶级设计师时尚奢华配饰系列，旨在持续不断地与时装、珠宝首饰、设计和建筑领域的世界顶尖设计师进行密切合作。）

主要时装首饰商

菲利普·奥迪波特（Philippe Audibert），奥赫莉·彼得赫曼（Auré lie Bidermann，法国首饰设计师），汤姆·宾斯，博柏利（Burberry），巴特 & 威尔森（Butler & Wilson），埃里克森·比蒙，芙丽·芙丽，希腊高端首饰服饰零售商），浪凡（Lanvin），马克·雅可布（Marc Jacobs），玛尼（Marni），莫斯奇诺（Moschino），玛伯利（Mulberry），普拉达（Prada），伊夫·圣·洛朗（Yves Saint Laurent）以及施华洛世奇。

11

首饰设计师们从时尚潮流和流行色系中获取领先的资讯信息，并将关注力放在尺寸、质地、紧固件（闭合材料）和色彩上。设计是多元化的，包括全球的、部落的、民族的和街头风格的参考，图案纹样则来自于建筑、自然和任何新的发现。已经有太多的创意充斥着整个市场，因此挑战就存在于接下来的每一个畅销品当中。

首饰是时尚业的一个重要类别，它证明了创造力、可穿戴性和商业性可以并存。一个有才华的设计师，无论是与时尚品牌合作，或是独立创作，都能够在时尚界带来举足轻重的影响力。

12

鸡尾酒戒指

美国在1919~1930年禁酒期间，鸡尾酒戒指流行于各个非法的鸡尾酒会和秘密俱乐部中，被称之为“地下酒吧”。女士们通过这种社交聚会装扮自己并炫耀精心制作的戒指，通常有大个的半宝石和水晶镶嵌在戒指上面。

鸡尾酒戒指同时具有高端艺术首饰和时尚首饰的特点。在20世纪40年代和50年代，禁酒结束后，鸡尾酒戒指继续在酒会上流行。如今，鸡尾酒戒指被视为个性的宣言，一直流行到今天。

13. 来自赫多尼·罗曼尼（Hedone Romane）的鸡尾酒戒指“别碰我”（Touch Me Not）。由18K白金镶嵌分层切割的石榴石，点缀红宝石和白钻，是对神秘的巴卡拉玫瑰（Baccarat Rose）的超现实主义解构。

13

14

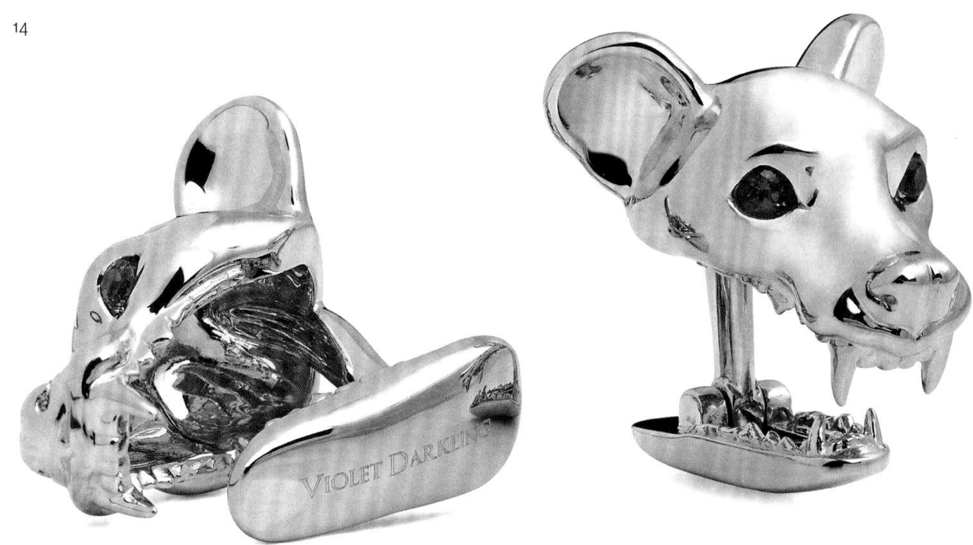

14. 来自“黑暗中的紫罗兰”（Violet Darkling's）的18K玫瑰金的袖扣，眼部镶嵌着紫水晶，其造型与眼窝的弧度完美匹配，其灵感来源于马达加斯加猎食动物。它们用牙齿咬住袖口，为传统袖扣带来了全新的设计。

袖扣

袖扣最早出现于路易十四统治时期，那时候的衬衫袖子两边都有许多开口，需要用绳子扎系。衬衫袖子最初开始使用纽扣固定时，通常是将成对的彩色玻璃纽扣用一条短的、相连的链子连在一起。

到1715年，袖扣设计过渡到带有装饰印花或者珠宝类的袖钉，通常钻石之间使用一条华美的金链子连接　袖扣就这样诞生了。

随着工业革命（1760~1850年）的开始，工业化大生产的加工方式制造出了许多低廉的袖扣，这就带来了更大的多样性；从而，使不同阶层的商务人士都开始使用袖扣或袖钉。如今，单袖扣和加长袖扣（法国）的设计与造型已经被广泛采纳了。

凯蒂·希利尔（Katie Hillier）

15

15. 凯蒂·希利尔

16

16. 凯蒂·希利尔设计的戒指“兔宝宝的爱”（Bunny Love），由闪闪发光的心形戒环与气泡状的心形戒环组合而成。

凯蒂·希利尔是一位才华横溢的设计师，其设计涉及首饰、配饰和手袋等。她还为许多具有影响力的奢侈品牌公司服务。包括马克·雅克布斯副线、雨果·波士（Hugo Boss）、卢埃拉（Luella）、克莱门茨·里贝罗（Clements Ribeiro）、比尔·安贝格（Bill Amberg）、吉利斯·迪肯（Giles Deacon）、萨尔瓦多·菲拉格慕（Salvatore Ferragamo）和斯黛拉·麦卡特尼（Stella McCartney）。当然，她也是自己奢侈品牌“希利尔”的设计总监。

你接受过哪些正规训练和学习？

我在英国威斯敏斯特大学（University of Westminster）学习时装，在《年少轻狂》（*Dazed and Confused*）中协助凯蒂·格兰德（Katie Grand）完成实习工作，后来我作为摄影助手协助约翰·阿克赫斯特（John Akehurst）工作。最后我为卢埃拉·巴特利（Luella Bartley，时尚设计师）做助手。

在变幻莫测的时尚世界中，你如何定义时代精神和流行趋势？

你必须跟着你当下的感觉做适合的事情。

你如何定义自己的品牌，推出这个品牌的动力是什么？

希利尔与我和我的朋友们密切相关，记录着我所了解的、和我一起工作过的女孩子们，也记录着我曾经去过的地方以及我曾经所收藏的事物。这是一个非常个性化的主题。我与和我一起工作过的人都有着非常令人满意的经历，但是我仍希望能做一些个性化的、有趣的东西。

你的设计理念是什么？

转瞬即逝的奢侈。

你认为什么是好的设计？

希望可以长久永存的设计。

对于新晋入行的设计师，你会给予哪些忠告？

对你的观点保持自信，并使它有意义，尝试学习业内所必需的各项技能，它将有助于你去理解你设计产品的原因。另一方面也要了解商业，切记，设计并不只是好看，还要能把它卖出去。

17

17. 劳拉·博欣茨

18

18. "碰撞"（Collision）手镯来自劳拉·博欣茨的索拉里斯星（Solaris）系列，由方晶皓石和黑玛瑙制成。

劳拉·博欣茨（Lara Bohinc）奢侈品公司一向以其设计、工艺和品质著称。设计跨越传统与当代，并以现代而大胆的手法运用稀有金属，设计风格雅致且具有很高的辨识度。

是什么使你决定加入首饰设计行业？

我曾经学习过平面设计和工业设计，这些学习经历使我的作品显现出非常鲜明的特征。我一直在电脑上设计所有的作品，作为一名产品设计师，我还需要考虑生产工艺以及如何将它们生产出来。我认为，首饰设计真的可以将时尚、建筑、平面设计结合在一起，这些都是我感兴趣的领域。

你的品牌现在已经是一个国际化品牌。当你开始建立这个品牌时是否感到很艰难？

人们向来是从我做起的——我当时做过所有的事情，从设计、制作、清洁、会计到销售——之后，随着商业知识的增长，就开始向其他人寻求外包服务。现在，我只需把所有精力放在设计上就行了。

在你的设计风格方面，哪些人或者哪些事情一直激励着你？你最欣赏谁的设计？

我喜欢很多艺术品，不仅是过去的也包括当代的，都很喜欢。我很欣赏扎哈·哈迪德和雕塑家瑙姆·嘉宝（Naum Gabo）。首饰设计方面，我很欣赏索菲亚·瓦瑞（Sophia Vari）和雷蒙德·唐普利耶，他们都是设计品质的标杆人物，也是设计者努力的目标。

你的品牌是如何面向全球市场展开营销的，主要途径有哪些？

我们在自己的展厅约见。我们还有一个媒体办公室，面向国际发布新品，而且还会召集记者、自由撰稿人和买手，每年举行两次新闻发布会。

你的设计业务已经拓展到了手袋和配饰领域，是什么推动了这种业务拓展？

我们的目标是建立一个小而新的奢侈品品牌。所有奢侈品品牌的配饰之间都会带有连带效应——主打皮革制品、围巾和首饰——这始终是我们为之奋斗的目标，并完善各项指标。

今天，社会更加意识到可持续发展的重要性。我们从更大程度上认识到，我们是相互依存的全球社区的一部分。越来越多的消费者希望他们所购买的首饰可以满足某些道德标准，例如，首饰的原材料并非因为战争提供资金而获得；并非因为材料的取用而破坏环境，或者并非使用有毒的化学物品，并非在制作过程中使原住民、儿童和劳动力受到剥削。

人们关心他们买到的东西是从何而来，他们也想知道这些东西对环境将会带来怎样的影响。因此，有些设计师采用以负责任的加工方式获得的金属来作为回应。使用通过公平贸易获得的稀有金属，以便于首饰自身情感和象征意义保持一致，并使这样的理念得以恢复。首饰设计的方式也是首饰整体价值不可或缺的一部分。

19.“朴素无华的怪物”（Discreetly Bizarre）戒指由林尼·麦克拉特（Linnie Mclarty）设计，采用公平贸易黄金（Fairtrade Fairmined Gold）和多次切割的黄水晶制作而成。

20. 首饰设计师皮帕·斯莫尔（Pippa Small）以她与土著部落一起工作而闻名。

冲突之钻，或称之为血钻

“冲突之钻”（Conflict）或称“血钻”（Blood）是在非洲的部分地区开采的钻石，属于非法开采，在一系列的战争中为反叛民兵组织提供了资金资助，战争造成了许多人的死亡。与“血钻”相关的国家包括安哥拉、塞拉利昂、刚果民主共和国、利比里亚和几内亚。

19

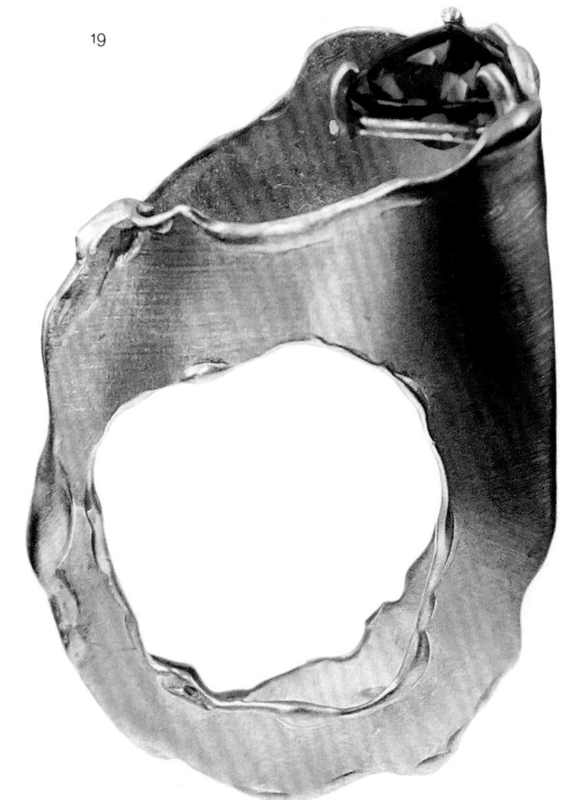

20

肮脏黄金

在黄金开采过程中，很少或者根本不考虑对生态环境的破坏，或对当地民众的危害，这样的黄金被称之为“肮脏黄金”。

“生存的基础是人与人之间的关系——装饰品有一种普遍存在的吸引力，可能出于多种不同的原因及意义——首饰的制作如此令人兴奋，群体和个体都可以获得授权，他们不仅可以进行创意表达，而且还可以通过系列产品和获得收入来掌控他们自己的生活。”（皮帕·斯莫尔）

21. 名为“未经雕琢的王冠”（Raw Crown）的戒指，由公平贸易及公平采矿认证黄金（Fairtrade and Fairmined Certified Gold）机构认证的18K金并镶嵌9克拉钻石原石制作而成，海蒂·理查兹（Hattie Rickards）设计。

21

金伯利体系（The Kimberley Process）

金伯利体系是一个跨政府组织，旨在防止非法钻石流入到合法钻石贸易中，从而为地方叛乱提供资金。金伯利体系试图证明钻石交易与地方冲突无关，在全欧盟国家被强制执行，而且也在全球40个国家中得到执行。金伯利体系从供应链中的毛坯钻入手，试图阻止“血钻”流入供应链。

金伯利体系由全球钻石理事会提供代码支持。2003年推出后，金伯利证书制度（KPCS，the Kimberley Process Certification Scheme）强制要求钻石供应商提供原产地证书，从而保证钻石都来自不涉及利益冲突并符合联合国决议的合法供应地。

然而，争议从未消失过。2011年，非政府组织“全球观察”（Global Witness，金伯利体系的主要参与者之一）宣布撤回对金伯利的支持。“全球观察”强调，在过去的9年里，金伯利并未能有效调和钻石和暴力、暴政之间的关系。［《卫报》（*The Guardian*），2011年12月5日］

公平贸易及公平采矿认证黄金
（Fairtrade and Fairmined certified gold）

公平贸易及公平采矿认证是世界上第一个独立运营的黄金认证体系。它保证黄金经由南非的小型矿山合法开采。许多矿山的矿工都处于维持生计的状态（也被称为手工开采），包括使用手动工具的妇女和儿童。

公平贸易及公平采矿认证是公平贸易国际标志组织（FLO，Fairtrade Labelling Organizations）和负有责任的开采联盟（ARM，Alliance for Responsible Mining）之间共同合作的结果。像ARM和奥罗贝尔德（Oro Verde）公司已经发起了全球化的倡议，旨在提升手工开采者与小型开采者的股权和福利。他们的主要任务是改善社会、自然环境和劳工工作环境，建立良好的生产管理体系并有效地实施生态坏境恢复举措，同时为矿工、他们的家庭和他们的群体提供公平、稳定的收入。

这些举措可以为负责任的开采设定标准，使整个流程成为一个对经济有利、对社会和环境保护负责任的活动。新的国际公平贸易的标准和公平贸易标志带动了黄金市场标准的建立，让设计师和消费者的采购、生产、购买更值得信赖。

诸如“制造”非洲、“绿松石山基金会”（Turquoise Mountain Foundation）这些组织，在阿富汗的喀布尔将土著部落和来自西方的设计师汇聚一堂。其目的在于交流观念并为当地工匠提供培训，鼓励他们从工作和传统中谋求生存的机会，同时可以迅速地改善个人的生存条件和社区环境。

22. 名为“朴素无华的怪物”（Discreetly Bizarre）的戒指，由公平贸易及公平采矿认证黄金机构认证的黄金并镶嵌22克拉切割红宝石而成，由林尼·麦克拉特设计。

22

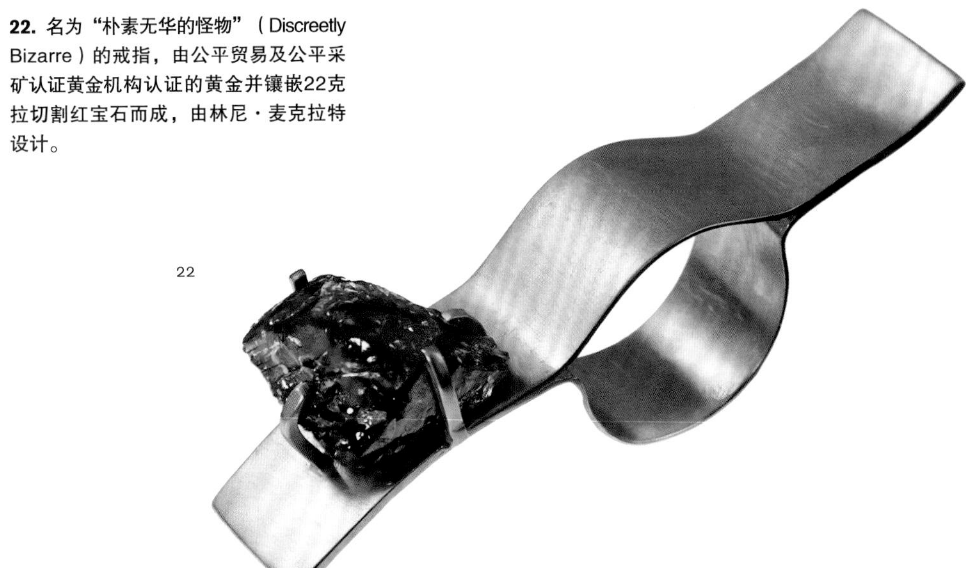

案例研究：

符合道德伦理的实践

皮帕·斯莫尔是一位积极与土著社区合作的首饰设计师。皮帕研究人类学并取得了医学人类学的硕士学位。最初，她制作首饰的目的就是为了资助自己攻读学位，很快她与古驰、尼科尔·法伊（Nicole Farhi）、蔻依（Chloe）相继合作设计首饰。后来，她在土著社区着手进行手工艺提升推广策略的研究，以此来帮助当地人探究自己的传统设计，并促进他们自给自足且获得收入。在这一过程中，她也看到了自己的两大兴趣点，于是她合理地将自己的时间分配到人类学和首饰设计上。

23

23. 库纳（Kuna）妇女饰有大量的黄金和串珠首饰、金鼻环，还有非常迷人的金色蝴蝶、金色鸟以及金色海洋生物装饰。她们在脸颊上涂胭脂，并沿着鼻子的长度画一条极细的黑线。

24. 皮帕·斯莫尔设计的库纳金蝴蝶项链的灵感就源自于库纳人。

皮帕为创作一个系列，一直致力于研究中美洲巴拿马库纳印第安人的手工艺设计，其设计元素具有非常明显的独特标志。从文化角度看，有着加勒比沿岸领地上最完好无损的部落和手工艺者，而皮帕正是和她们一起合作来创作她的系列。库纳印第安人认为黄金是纯洁和神圣的，是真真切切的“地球母亲的命脉”。他们不相信现代矿业，更抵触在自己的土地上进行大规模开采。始终坚持使用传统技艺，从河水中淘洗出黄金，然后找到平伏矿床，再进行锤击、切割和凿刻。

我的灵感来源于当地妇女在“莫拉斯”（Molas，传统的几何图案织物）上的设计。我们将跃动的金蝴蝶设计成倾泻而出的瀑布形状项链，并将莫拉斯的图案精美地雕刻在链穗的每一个金盘上，它们在阳光下闪闪发光，格外闪耀。这是一个新创意，将女性设计带入到男性黄金工匠的工作领域中。最后一天，当当地妇女穿上最终的设计成品，并对这一新的设计方向表达出她们的赞许与兴奋之情时，那一刻，我也感到异常兴奋。

24

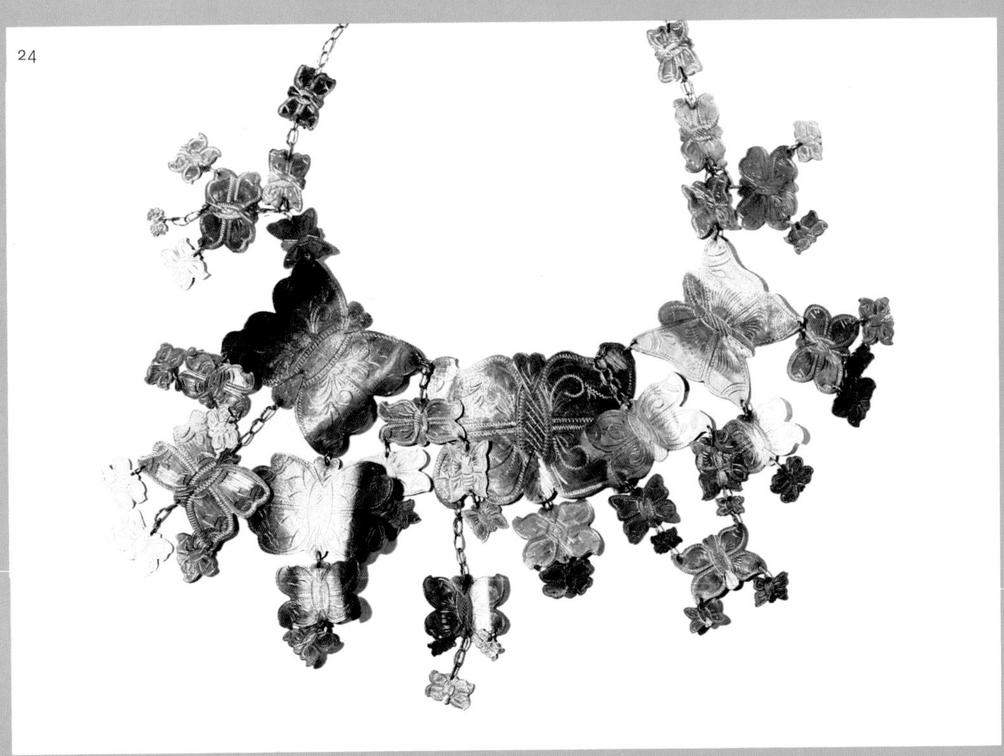

斯蒂芬·韦伯斯特（Stephen Webster）

25

25. 斯蒂芬·韦伯斯特

26

26. 经典的迷雾水晶戒指，由绿松石、石英和白钻制成，由斯蒂芬·韦伯斯特设计。

斯蒂芬·韦伯斯特是斯蒂芬·韦伯斯特公司的创始人和创意总监，并兼任杰拉德公司的创意总监。

你接受过哪些正规训练和学习？

我曾在英国肯特郡的梅德韦学院（Medway College）学习，当我完成学业后获得了一份在加拿大做学徒的工作，非常幸运地与一位对宝石非常了解和热爱的人一起工作。我立刻就被不同种类的石头迷住了，而且有充分的自由去处理它们。就是这份工作，使我树立起了一个设计师和制造商所应具备的自信心，并且学会了如何与客户进行沟通。

你为何选择了首饰行业？

我原本打算学习时装设计，却偶然走进了一间学习首饰设计的教室。那些火焰、噪音、化学品和闪亮的物体瞬间吸引了我，比时装设计要令我兴奋得多。36年来我一直从事这一行，我依然认为当时的选择无比正确！

对你来说，道德践行有怎样的重要性？你能告诉我们，在与钻石和金矿相关的方面，你从增强道德意识角度主要参与了哪些工作？你为什么对这个课题充满如此热情？

伴随着公平贸易，今年早些时候，我去参观了秘鲁的金矿，其目的在于直接了解公平贸易黄金和普通黄金供应链之间的区别。自从我担任了公平贸易黄金的代言人，以及同永恒印记（FOREVERMARK，戴·比尔斯集团旗下的珠宝公司）公司的合作，让我们确信，钻石的供应源都是值得信赖的，我们全程关注供应链上的每一个环节，确信它们是世界上最上等的钻石。越来越多的消费者开始质疑他们所购买的东西的来历，而斯蒂芬·韦伯斯特同样也喜欢问这样的问题。

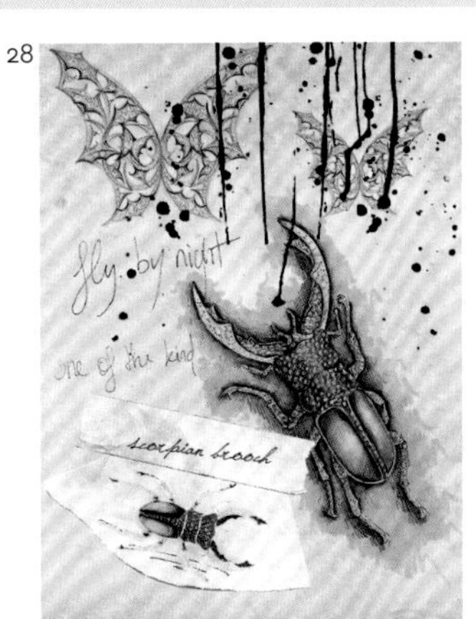

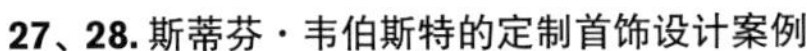

27、28. 斯蒂芬·韦伯斯特的定制首饰设计案例

你的设计格调是什么?

我始终热衷于建构和完善首饰系列，不断开拓创意的新境界；始终保持永无止境的创新，而且非常酷。我认为我的全部工作都是在反映我的个性。从自我的角度看，我很幸运，总是能从我的人生经历中探寻主题和灵感，并将它们植入到我们的许多系列中。所有这些作品都充满了活力。我是一个快乐的家伙。

你最酷爱的是什么?

色彩绚丽的宝石是我最酷爱的事物之一。二十年前，我尝试用层压法在稀有的宝石上叠压一层透明石英，并创造出一个无与伦比的效果。如今，这项技术已经成为我们的核心业务。

我对音乐的热爱为我的设计风格带来了巨大的影响；从很早的时候起，我就十分酷爱音乐，总是试图将一些新鲜事物带到首饰设计台上来。对我而言，我设计的所有单品都应该是上好品质的材料、上好的手工艺、深思熟虑的设计的结合，同时还会略带一些前卫。

设计领域中，你最欣赏谁？是什么一直激发着你的创造性?

我一直很喜欢勒内·拉利克设计的“蜻蜓女人”（Dragonfly Woman）。我非常欣赏这种将梦幻、神话、材质的运用结合在一起的设计手法，其精湛的手工艺与晶莹剔透的感觉使它成为我最喜欢的一件单品。

我总是从很多伟大的首饰设计师和传统中寻找灵感，尝试赋予传统主题以现代感。但是，我想说，我的灵感大多来自周遭的事物、风景和人：大海、宝石、具有悲观色彩的电影、文身、建筑、破碎的玻璃，甚至是鱼骨等。

斯蒂芬·韦伯斯特（Stephen Webster）

29

30

29.“忘我之结”（Forget Me Knot）瀑布型耳环，由白金和蓝宝石制成，斯蒂芬·韦伯斯特设计。
30.“忘我之结”水晶雾滴耳环，由白金、绿玛瑙和黑白钻石制成，斯蒂芬·韦伯斯特设计。

你也是高端首饰品牌杰拉德的创意总监，你是如何在杰拉德传统风格与你自己独特的个性标签之间获得平衡的？

因为杰拉德的产品具有多样性，所以其风格一直难以界定。最近一段时间则有所转变，在为当今的消费者提供产品的同时，还开发了保留有品牌经典DNA元素的系列产品。“翅膀”（Wings）和新推出的“嘉德勋章”（Star and Garter）就是最好的例子。我们的新系列在忠于这一理念的同时，努力保持着产品的创意性和刺激性。

这些系列是如何演变的？

作为一个品牌，杰拉德拥有传奇的历史，因为历史档案就是开启一个新系列的最好出发点。它为你提供异乎寻常的、众多的珍品宝藏选择，涵盖了与首饰、银器制造业相关的所有贸易与工艺。

你今年参与推出了多少系列？

总体来说，主要参与一个高端艺术首饰系列，但通常都是特别定制专题和客座设计师专题。

指引这样一个具有丰富传统底蕴的品牌的最大挑战/亮点是什么？

我很骄傲能够成为该品牌的创意总监，它的辉煌历史讲述的是一个皇冠珠宝商的成长历程。275年的历史蕴含着一些伟大的奇闻轶事、经典人物和特色产品。从罗伯特·杰拉德（Robert Garrard）的洛可可风格的桌饰，到许多由阿尔伯特王子（Albert）为其妻子维多利亚女王（Victoria）设计、由杰拉德制作的礼物。我办公室里的档案资料就像维多利亚与阿尔伯特博物馆（Victoria & Albert）里的一个私人展厅，从惠灵顿公爵（Wellington）的白色权杖到贝瑞·吉布（Barry Gibb）视为己出的奇特金链都出自于杰拉德，这些都是

31

32

31. 瀑布状的定制耳环，由18K白金镶嵌白钻及梨形水铝石制成，斯蒂芬·韦伯斯特设计。
32. 定制的鸡尾酒戒指，由18K白金镶嵌白钻及水铝石制成，斯蒂芬·韦伯斯特设计。

独一无二的历史。

许多年以来，我都希望能打造一个独特的系列，既能被当代的消费者接受，又可以表达我对这个拥有150年历史传承的皇家首饰品牌的致敬和尊重。

在你看来，一个好的设计是怎样获得的？

首饰必须要有越来越强烈的个性特征和非凡的品质。年轻的奢侈品买手们希望看到他们身边的事物都是可以讲述他们自己、讲述他们的生活以及他们所做的选择的。

你会为年轻设计师给出哪三个忠告？

首要的建议是绝对不要低估在这个领域中比你更有经验的人的意见。

其次要提出一个原创的想法，虽然这种原创的想法并不经常有，但这是别人无法从你那里夺走的东西。而且从此之后，你就拥有了这个名誉，可以和具有突破意义的作品集进行对比。

坚持你的信仰。不管别人怎么想，要不断尝试改变规则。这是我一直坚守的信条，而且现在已经成为我的常态了。

是什么成就了优秀的年轻设计师？你在探寻什么？

耐心，以及从专家那里获得的良好的专业训练；这看起来可能有点老生常谈，但这是一个缓慢发展的传统行业，很少有人能一夜成为明星。不论如何，如果你成功了，它也就成为世界上最伟大的行业之一。我们采用上好的材料，创造出能带给人们快乐的事物，如果你足够幸运，你也会逐渐被大家知晓。

需要考虑清楚，你的潜在客户是谁，然后为他们创造出形象。作为一名设计师，明确你的消费人群定位将是非常有利的，你可以创造出适合他们生活方式的设计。一个成功的设计师会考虑他们所定位的市场人群的消费及中心价格带与他们所选择的市场之间的相关程度。

33

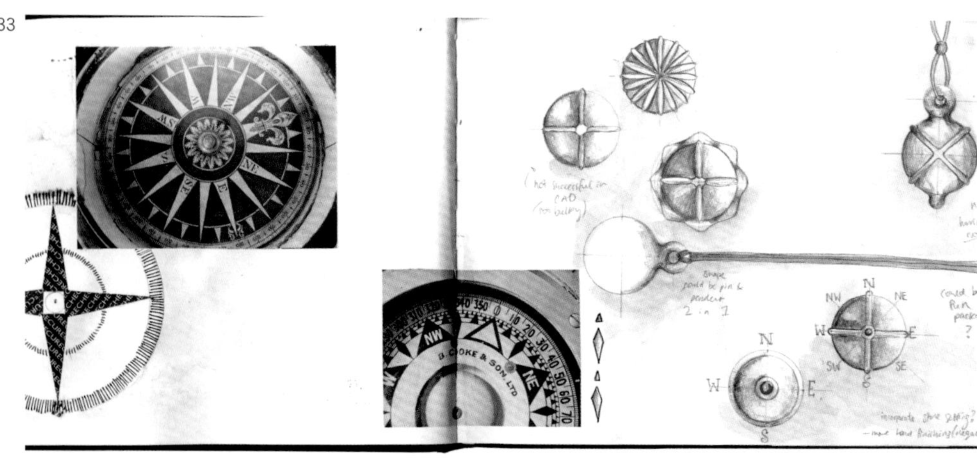

34

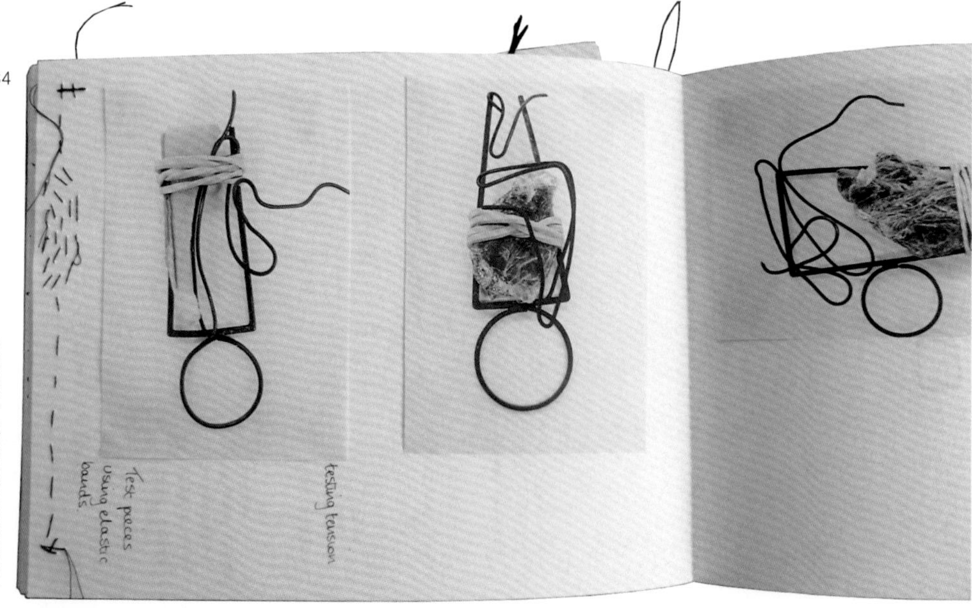

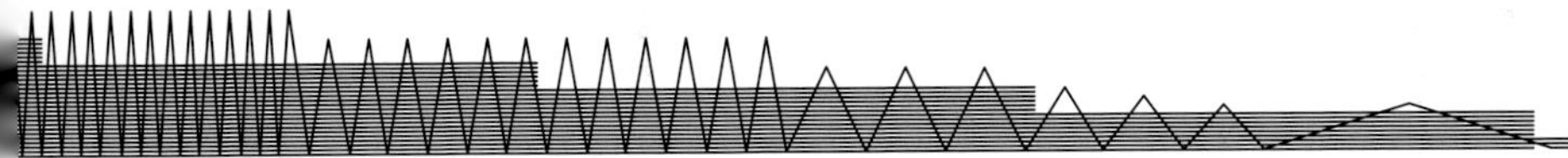

33. 英国爱丁堡大学（ECA）的学生伊丽莎白·坎贝尔（Elizabeth Campbell）的手绘本。
34. 英国爱丁堡大学的学生玛丽·埃比特（Mari Ebbitt）的手绘本。
35. 英国爱丁堡大学的学生瑞贝卡·威格斯（Rebecca Vigers）的设计作品。

35

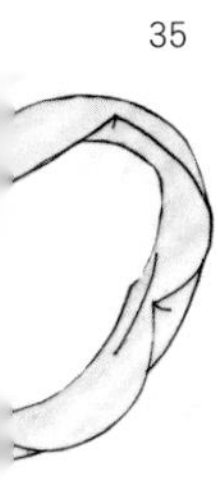

- 首先，想一想你的潜在消费者都住在哪里，他们喜欢怎样的生活方式，然后询问以下问题。
- 你将会把自己的设计与消费者如何联系到一起?
- 哪些店铺和哪些品牌会使你的顾客经常关注并前往?
- 生活中他们都从事什么工作?
- 他们平时是如何安排业余时间的?
- 他们如何支配他们的收入?
- 做一个竞争对手店铺（比较购物）分析，从中可以明确和分析竞争对手。很重要的一点是，你必须找到一个市场空当。这样，你就可以开始构建一个品牌故事和你的独特卖点（USP，Unique Selling Proposition）。
- 一个非常值得尝试的训练——去拜访一下你所假想的销售你货品的零售商，看看他们消费者的统计情况，以及他们已经代销的品牌和设计师的情况。
- 关注市场，并确定如何通过市场营销和视觉营销的方式，与客户进行品牌互动。
- 关注一下中心价格带、展示方式和工艺——看看这些因素是否可以告诉你有关消费者的信息?

“罗达莱克斯”（Rotarex）展示用项链，艾克瑞斯（Akris）腕饰和艾克瑞斯（Akris）耳环，都采用了施华洛世奇水晶元素，由曼尼克·莫西亚设计。

想推出一个成功的商业化首饰系列，前期需要做大量的调研，例如对细节的斟酌，对材料和成本的把控，以及对消费者和市场的全面了解等。设计师从各种不同的文化背景中汲取灵感和参考，如历史、电影、音乐、文学和艺术。在这一章中，我们会一起探寻灵感来源及调研的重要性。

1. 塔希提（Tahitian，大溪地）珍珠胸针，由肖恩·利尼专门为女演员莎拉·杰西卡·帕克（Sarah Jessica Parker）设计的。

2. 肖恩·利尼为塔希提珍珠胸针所创作的原始设计图。

1

作为首饰公司的设计师，其设计需要承袭品牌基因（DNA）的风格特点，这一点主要反映在使品牌得以区分的视觉识别。品牌基因（DNA）的汇编可以从很多方面获得信息，包括公司的历史档案、消费者分析、著名产品，以及可以代表品牌精神的感人口号、商标和色彩系列。为高端艺术首饰公司做设计的设计师，将会从公司的历史档案中找到标志性元素，与自身的设计演绎相结合，从而创造出融传统与现代于一体的设计，并使之与当今的消费者产生共鸣。

灵感可以来源于各种不同的事物，参观博物馆、画廊、贸易展会、逛古董市场、旅行和体验别样的文化，都可以为设计师的创作带来影响。

调研资料可以通过拼贴的方式，被整理成为一个视觉化的信息库，随着时间的推移，这些资料将会对你获得独特的个性标签有所帮助。设计师应该对其他设计学科也非常熟悉，这样就可以把他们的作品放在文化背景中，围绕材料运用、工艺和比例，激发新的创意。

2

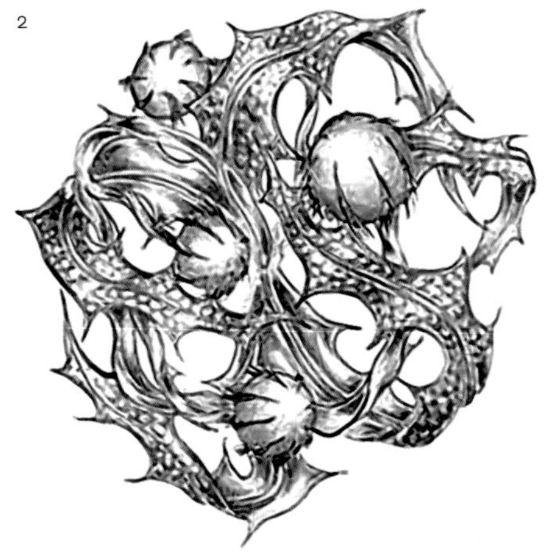

调研方式

就首饰设计而言，有三种方式的调研：一手资料的调研、二手资料的调研、第三方的调研。

一手资料的调研，对设计师来说是独一无二的，通常由个人摄影、绘画和思想组成。

二手资料的调研，是对现存素材的调研，这些现存素材是由其他人进行创意设计的，包含艺术、以印刷和数字化的方式获得的素材、书籍、日记、报告等。

第三方的调研包括杂志、报纸和网络来源，如维基百科（Wikipedia），它是将某个话题的“常识信息”提炼而成，面向更为广泛的公众进行展现。（切记一点，请确保资料的权威性，而不是仅仅依靠维基百科。）

对设计师来说，很重要的一点是找到一个共同的主题，或者找到在他们的设计中贯穿始终的、与众不同的手稿，这些对于他们在时尚圈占有一席之地有所帮助，同时还可以确保他们的作品历久弥新。设计师也可以在他们的系列作品中设计出特定的造型，让人一眼就能识别出他们的风格。备受推崇的高端艺术首饰公司肖恩·利尼就具有很高的辨识度，因为在他的设计中常常使用荆棘、号角和长牙作为元素。起初，他是为了向已故的时尚设计师亚历山大·麦昆致敬而创作。

珠宝与钟表贸易展会

对市场保持敏锐的感觉，这意味着要品评竞争对手的广告大片、视觉营销，研究流行趋势报告和期刊，关注街头风格和当下流行的产品。

首饰设计师会定期参加贸易展会。在展会上，品牌公司会展示他们的最新系列，制造商也会展示他们的产品。同时，你也能从众多的参展商那里采集到流行趋势的预测信息、订购样品、观看最新产品和新材质，像石头、链条和紧固件等。趁此机会，设计师们会发现最新的流行趋势，还能与客户约见，讨论在他们的产品线路中应该增加哪些新品。

设计师还能获得制造商和原材料的来源。很多制造商对最低订购量有要求，而对用于打样或者较少量的订单，他们会收取额外费用或运费，一般会向有订单倾向的参观者或买手索取名片。

3.巴黎时尚配件装饰品展（Mod Amont Fair），巴黎第一视觉面料展（Premiere Vision）的一部分，巴黎是时尚首饰品牌的重要目的地。

4.巴塞尔世界钟表首饰展（BASELWORLD）是欧洲最大规模且久负盛名的钟表珠宝首饰展会。

贸易展会

巴塞尔世界钟表首饰展（瑞士）（BASELWORLD Watch and Jewellery Fair，Switzerland）

香港首饰展（中国）（Hong Kong Je wellery Fair，China）

慕尼黑国际首饰展（德国）（Inhorgenta Munich，Germany）

伦敦国际首饰展（英国）（International Jewellery London，IJL，UK）

拉斯维加斯首饰展（美国）（JCK，Las Vegas，USA）

巴黎时尚配件装饰品展（法国）（Mod Amont，Paris，France）

纽约国际礼品展（美国）（New York Gift Fair，USA）

巴黎时尚配饰展（法国）（Premiere Classe，Paris，France）

阿姆斯特丹国际首饰艺术博览会（荷兰）（Sieraad International Jewellery Art Fair，Amsterdam，Holland）

春季展会（英国）（Spring Fair，UK）

维琴察展会（意大利）（Vicenza Fair，Italy）

设计师要不断推陈出新、推出独特创意，就必须紧跟流行趋势。流行趋势预测机构会跨越设计与零售领域，为设计师们提供更加广泛的调研结果。他们会考虑一些重要指标，如技术、消费趋势、零售发展和全球经济预测等。预测者会根据某个特定品牌的需要，为其定制流行趋势信息包及数据分析。

流行趋势预测机构会在下一季到来之前，辨识出文化潮流走向、流行色系、新技术和新风格。这些都会呈现在趋势预测书籍中，网上付费订阅即可获取。设计师可以参加其每年两次的时尚峰会。流行趋势预测的目的在于让设计师解读时尚，而不是一味地跟随潮流。

社交媒体也是一个取之不尽的信息库，它也是集体意识和新近涌现的流行趋势的反映。如Stylehive、Tumblr、Twitter、Facebook、YouTube、Kaboodle、Polyvore和StumbleUpon，这些网络平台的信息资源都是免费的。还有一些关于时尚和首饰的博客信息，也对未来的流行趋势起着很好的指引作用。

5

5. 流行趋势研究涵盖了设计的很多方面，包括色系、经济和文化的发展、历史和当代的题材。

趋势预测网站

www.thefuturelaboratory.com
www.tjfgroup.com
www.trendstop.com
www.wgsn.com

VRBANUS
Pantone® 19-1557
Pantone® 19-1716
Pantone® 19-4914
Pantone® 14-0837
Pantone® 11-0606
Pantone® 18-4711
Pantone® 12-0311

案例研究：

流行趋势调研的运用

劳伦·伊根-福勒（Lauren Egan-Fowler）是一名自由配饰设计师。她将流行趋势的追踪与调研看作是设计过程中的一个重要部分。

对劳伦·伊根-福勒来说，流行趋势调研通常是一个持续受到周围环境影响的过程——从电视、平面广告风格、音乐、展览和比较购物（英国的与国际的，时新的与复古的）。她常去拜访贸易展会、酒吧、俱乐部和餐厅，并去一些时尚节和集市旅行。

当她采集许多图片来创作流行趋势板时，许多图片都来自于网络博客，如Style Bubble和PurseBlog，杂志和流行趋势预测机构，如WGSN和巴黎贝克莱尔（Peclers Paris），还有诸如Vogue.com，Elle.com和Style.com等网站。

对历史素材的调研也是十分重要的；你所调研的趋势既是聚焦关注的起点，也会指引方向。在很多经典和成功的流行趋势案例中，历史题材被赋予了全新的诠释，且一次次地奏效。在项目开始前明白这些是非常有用的。

对流行趋势的调研，能使你对已经出现的每一个事物都有一个大致的概念，并使你了解自己的想法，怎样才能给市场带来新鲜且令人兴奋的东西，并且能填补市场的空缺。

作为劳伦工作的一部分，她会选取一个首饰系列并拓展为一个配饰线路，如包袋。为了达成这一目标，她需要对首饰系列中已经出现的调研内容进行研究。并考虑如何将造型、图案、金属颜色、品牌化与风格特征、商标等元素转化到皮革制品上。首饰的造型、细节和色彩会比较容易地转化到皮革制品所使用的五金件上，如金属锁、金属片、拉链头和链条皮带等。

首饰上的图案、造型与装饰细节都可以通过提花、浮雕、镶嵌和打孔的装饰手法转移到皮革和纤维织物中。

在劳伦的设计中，色彩系列的运用十分重要。她研究了当季的流行色系。然而，她发现色彩选择是基于个人喜好、调研和直觉而产生的。

基于对相似产品的销售表现分析，劳伦研究了自己设计的销售潜力。她还考虑到，产品的出产地、客户要求以及目标市场，并关注这一区域的流行趋势。

原材料可以从供应商和一些特别的贸易展会获得，如国际鞋材展（Lineapelle）和法国的第一视觉（Premiere Vision）面料展，这些展会对于采集新原料、新想法和新趋势来说则是非常重要的。原材料的采购，由价格、品质来决定，此外还要考虑设计要求和目标市场。关注这些方面的发展，了解竞争对手在做什么，这都是十分重要的。

6

6. 劳伦·伊根-福勒的“完美复古”情绪板。

当你开始进行设计的拓展与创作时，你将会用到各种各样可能带给你灵感的资源和素材。很重要的是，要保持这些调研素材随时可用。随着时间的推移，你可能会用到它，并建立起你自己的视觉资源库，这些资源在未来一定会对你有所帮助。

7

7. 对从二手市场或供应商处获得的物品和首饰进行归档，这将是非常富有成效的灵感来源。

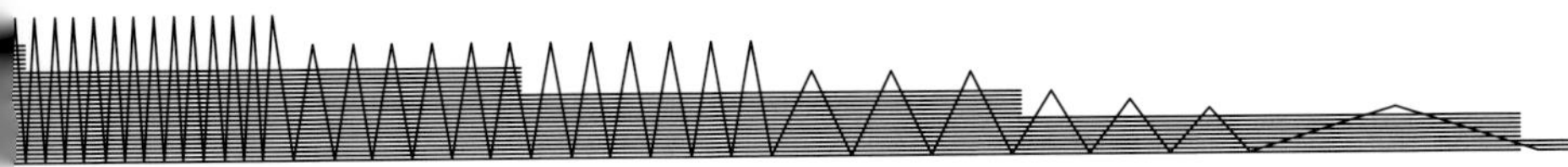

建立档案

设计师和公司会将对他们有帮助的素材和材料进行归档，以帮助设计师进行设计创作。这个工作包括建立一个产品目录和样品的档案库，其中包括宝石、紧固件及链子等。一个品牌的档案中也包含不再使用的或废弃的模型，后者常常被用来进行重新设计，或者作为未来系列设计的重要参考。

成功的商业设计作品经常会将新设计延续到下一季产品之中。它们在“明星产品”中运用新的金属，或者以不同宝石来装饰，在这一过程中档案是一个有用的工具。明星产品指的是公司最畅销的单品。

杂志和书籍

设计师从时尚生活杂志和书籍中获得大量灵感，同时也为设计师提供了时尚资讯、首饰和配饰发展的国际视野。

在一些图书馆可以找到类似《时尚芭莎》（*Harper's Bazaar*）、*Vogue*和*Elle*等杂志，在网上也可以搜索到相关资讯。部分专业书店和报刊经销商也会出现独家代理的国际出版物。在专业的杂志、博客和网站中还有街拍照片。广泛涉猎国际资源有助于设计师开阔眼界，了解全世界人们佩戴首饰和装饰品的方式。

时尚杂志和书籍资源

www.assouline.com
www.avabooks.com
www.foyles.co.uk
www.magculture.com
www.magmabooks.com
www.taschen.com
www.thamesandhudson.com

很多小众首饰品牌缺乏（对市场信息和销售信息）收集、准确分析的基础设施。大品牌则能通过销售环节、专业的市场信息和专门的业务发展部门获得他们客户方方面面的信息。

然而，敏锐的直觉和对市场、时尚和首饰流行趋势的全面认识可以帮助一个年轻的设计师获得商业成功。对竞争对手进行剖析非常重要，一些设计师会精准地找到自己的市场定位或产品（如一枚与众不同的订婚戒指）作为进入市场的切入点。这样，品牌就可以基于明星产品的畅销而不断扩大，并获得品牌效应。

需要重点考虑的是一件设计是为日常穿戴还是为特殊场合服务，哪些类似的产品可以达到这个效果，什么价格是市场能够接受的？这些都将影响你的设计的成本、重量及尺寸大小。

8

9

情绪板

情绪板是设计师用于沟通创意的有效工具。它是设计师个性化调研中所采集的视觉参考信息的合成文件，为设计师的系列设计做好准备。将流行趋势、图片、色彩、文字或主题进行分组，能帮助你有条理地表达调研成果，并且可以作为整个设计过程中持续参考的文件。

以周为单位，及时扩充你的视觉调研并使兴趣范围得以延展是十分重要的。在数字时代，尽管设计师能采集到无穷无尽的图片来丰富自己的素材储备，但是摄影仍然是在运动状态下捕捉视觉信息的最有用的形式。

作为一名设计师，一旦有了好的想法就应该快速地将它画出来，并且要确保沿着这个方向会有足够可用的材料。

8. 剪贴簿集合了各种拼贴、诗歌、文字和个性化调研。
9. 多罗斯·皮涅（Dorothee Pugnet）名为“个人的世界”的情绪板，记录的是怀旧和复古的主题。

采集素材

要想实现情绪板的展示效果，实物和材料的采集也是非常有用的。很多设计师倾向于从现成物中寻找设计灵感，通过巧妙地处理或颠覆性地改造，日常的、平凡的物品能创造出异想天开的首饰作品。例如布料和印花图形结合可以带来被侵蚀的图形效果；火柴棍和珊瑚片可以被浇铸到金属中，然后用半宝石进行装饰。无论是过去的还是现在的时尚偶像，都与电影、艺术、文学和音乐一样，也会为系列设计带来灵感和影响力。

11

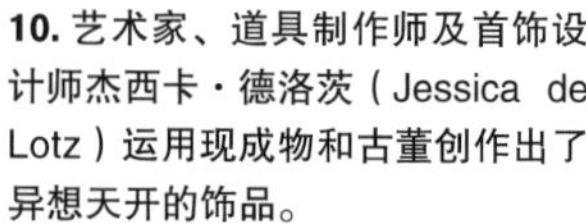

10. 艺术家、道具制作师及首饰设计师杰西卡·德洛茨（Jessica de Lotz）运用现成物和古董创作出了异想天开的饰品。

11. 由杰西卡·德·洛茨设计的“偷窥的汤姆”（Peeping Tom）是一个会眨眼的戒指，它将一个复古娃娃的眼珠放在了鸢尾花的爪型戒托中。

10

12

12. 爱丽丝·门特（Alice Menter）设计的“乔尼”（Joni）项链，采用镀金的六边形螺母和红色鹿皮条编织而成。

13. 作为当代的工匠（Bricoleur，用手头现成的工具摆弄修理的人）克莱尔·因格丽思（Claire English）将收集的主题和故事融入到现代的奇珍异宝中。

时尚偶像

艾瑞斯·阿普菲尔（Iris Apfel）
伊莎贝拉·布洛（Isabella Blow）
路易斯·布鲁克（Louise Brooks）
可可·夏奈尔（Coco Chanel）
萨尔瓦多·达利（Salvador Dali）
达芙妮·吉尼斯（Daphne Guinness）
阿曼达·哈莱克（Amanda Harlech）
奥黛丽·赫本（Audrey Hepburn）
格蕾丝·琼斯（Grace Jones）
杰基·肯尼迪（Jackie Kennedy）
嘎嘎小姐（Lady Gaga）
格蕾丝·凯莉（Grace Kelly）
伊娃·贝隆（Eva Peron）
安娜·皮亚姬（Anna Piaggi）
卡琳·洛菲德（Carine Roitfield）
艾尔莎·夏帕瑞丽（Elsa Schiparelli）
伊丽莎白·泰勒（Elizabeth Taylor）
戴安娜·弗里兰（Diana Vreeland）

13

肖恩·利尼（Shaun Leane）

14

15

15. 由肖恩·利尼设计的部落元素装饰耳环，用玛瑙珠子，18K白金，沙弗莱石和白钻制成。

14. 肖恩·利尼

肖恩·利尼是肖恩·利尼高端艺术首饰公司的创始人和首席执行官（CEO）。

请谈谈你的学习经历？

我15岁离开学校，来到英国金斯威学院（Kingsway College）学习了一年的首饰设计，从此我爱上了首饰。16岁时我在英国伦敦哈顿公园（Hatton Garden）的一家名为英国传统首饰公司（English Traditional Jewellery）做学徒。

我跟随两位金匠大师学习了13年；在做学徒的七年间，一直在制作最精美的高端艺术首饰，学习每一个元素，从制作单粒钻石到制作皇冠，也为伦敦邦德大街的高端艺术首饰公司做过古董首饰修复的工作。

机缘巧合，我结识了亚历山大·麦昆。我们有着相似的经历，都非常尊重且重视细节。他在萨维尔街（Savile Row）做过学徒，而我在哈顿公园做学徒。

我们年龄相仿，他在伦敦中央圣马丁艺术与设计学院学习时装设计。我常常受到他作品的启发，当他和我相识之后，就建议我为他的T台秀设计作品。起初我有些惊讶，因为之前我一直习惯于从事贵金属的设计，从来没有用银或其他非贵金属设计过饰品。

亚历山大建议我，如果我可以用上等材料创造出微型雕塑，就不应该仅仅局限于此。于是我开始自学打银，以满足T台展示饰品的设计需求。

这是一个很好的平台，将传统技艺和现代技术融合，从而创造出兼具艺术魅力与高辨识度的饰品，其中有些已经在世界各地的博物馆展出。这些饰品在传统技艺下诞生的同时，也重新定义了首饰的概念和界限。

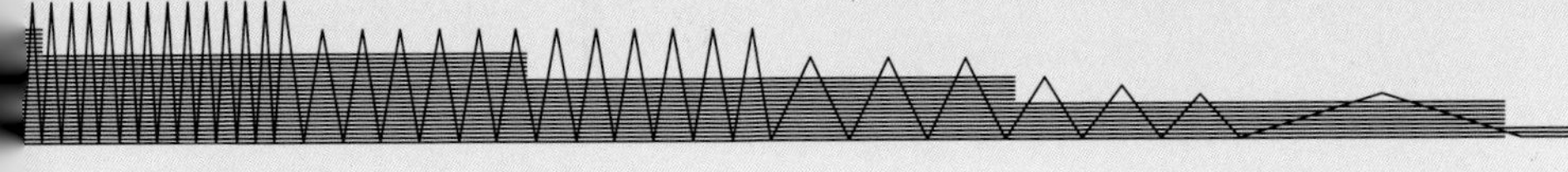

16

16. 由肖恩·利尼设计的“黑色羽毛袖口”，由18K白金、钻石制作的尖头军刀装饰而成。

17

17. 由肖恩·利尼设计的环环相扣指环，由18K白金、钻石制成。

你和麦昆是怎样合作的?

我们的理念很相似，我会看他的系列设计中每一件作品的情绪板、草图和廓型，之后我们会征求对方的意见；最后创造出符合其设计理念的首饰作品。我为麦昆设计了一款线圈紧身衣（参见第13页），灵感来源于我为歌手比约克设计的一款项链。麦昆让我把这个设计用在服装上，这拓宽了我设计领域，同时也提升了我在首饰制作方面的技艺。于是，我将我的工作转向了雕塑。

你是如何开始设计的?

1998年，哈维·尼克斯（Harvey Nichols）看了我为麦昆设计的作品后找到我，要买我的第一个系列，但那时我还没有自己的作品集。于是，我把为麦昆设计的标志性造型，例如长而尖的牙齿、带有荆棘与号角皇冠等整理出来，推出带有我个性标签的银饰作品集，将精美的工艺与前卫的设计相融合。

我的高端艺术首饰作品即由此发展起来。我现在的工作室经营着各种不同的项目，包括为私人定制、与首饰商合作等。作为一个年轻的学徒，我的终极目标是创作出价值连城的、具有博物馆收藏价值的作品。

我们与无数的品牌合作过，包括纪梵希（Givenchy）、宝诗龙以及资生堂集团（Shiseido Group），还有达芙妮·吉尼斯。每个品牌都有我们工作室署名的手绘稿。我们每年会推出两个系列，一个是艺术系列；另一个是银饰系列（一个为男士设计；一个为女士设计）。

我们工作室集设计与制作于一体；而我作为一名受过传统训练的金匠，同时又被现代设计所影响。我们既拥有受过传统技艺训练的手艺匠人，同时还有使用计算机辅助设计技术进行设计的设计师，这使得传统首饰的技艺与现代新兴技术能够达到完美平衡。我们关注每一个精细的工艺细节，同时也会监督每一件饰品的制作过程，以确保手稿与成品效果保持一致。

访谈：

肖恩·利尼（Shaun Lene）

你的工作室是如何发展的？

你可以把我看作是首饰业的双重性格者（Jekyll and Hyde），白天，我为英国传统首饰创造经典；晚上，我为麦昆设计带有骷髅的紧身衣和带荆棘的皇冠。在设计上我从不为自己设限。这就是我开始运用传统首饰技艺、创作那些在设计和材料上极具创意的饰品。我乐在其中并引以为荣，多年来，其中的一些饰品一直为其他首饰商带来灵感。

你的信条是什么？

首饰的背面要和正面一样漂亮。我们工作室的设计一直以来都是精致、优雅而自信的。

什么是好的设计？

能让穿着者感觉自信、美丽的饰品，同时，它也是材料运用与精湛工艺完美结合的产物。

你会给年轻设计师怎样的建议？

学习工艺和理解饰品的创意对设计大有裨益。不要为自己的设计设限并要遵循自己的想法，打破陈规，别出心裁。出色的创意元素一定存在于最睿智的头脑中。

18

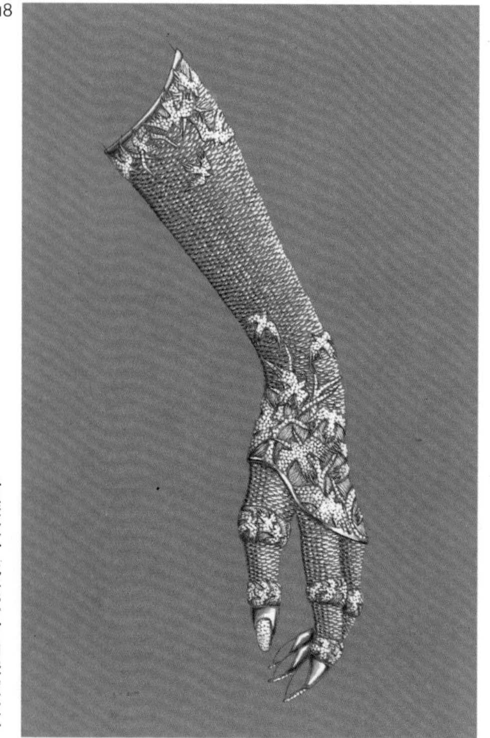

18. 作品“对抗世界”［Contra Mundum（Against the World）］的原始设计图，由肖恩·利尼和达芙妮·吉尼斯设计的定制钻石手套。

19

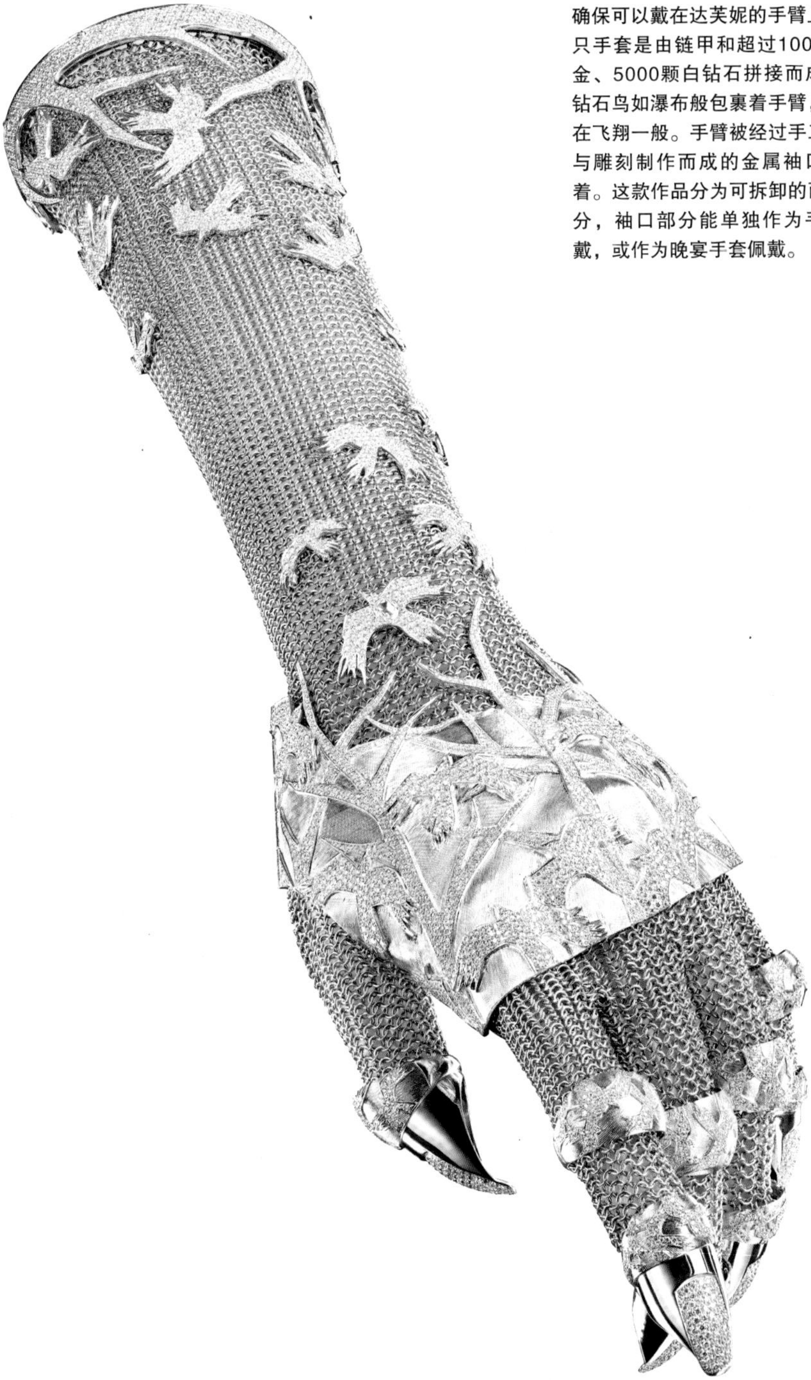

19. 钻石手套完美地制作完成，并确保可以戴在达芙妮的手臂上。这只手套是由链甲和超过1000克白金、5000颗白钻石拼接而成的。钻石鸟如瀑布般包裹着手臂，像正在飞翔一般。手臂被经过手工锻造与雕刻制作而成的金属袖口保护着。这款作品分为可拆卸的两个部分，袖口部分能单独作为手套佩戴，或作为晚宴手套佩戴。

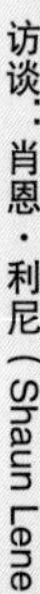

为了创作情绪板，你可以从不同途径获得灵感来源。如参观集市和贸易展会、画廊和博物馆，并在你的速写簿上做记录，或拍摄下自己感兴趣的设计样品。你也可以逛逛大型的购物商场，借鉴橱窗的装饰艺术、研究首饰的陈列设计，这样你就能与你周围的商业和艺术环境相融合。最终，这种习惯将成为你的第二天性，你的视觉语汇也会就此逐渐扩展，而所有这些都将成为你创意之旅中持续更新、最有价值的部分。

20. 英国爱丁堡大学艺术学院学生席亚拉·鲍尔斯（Ciara Bowles）的个人作品，展示了设计草图、色彩参考和材质样品的拓展过程，这些都是情绪板的一部分。

20

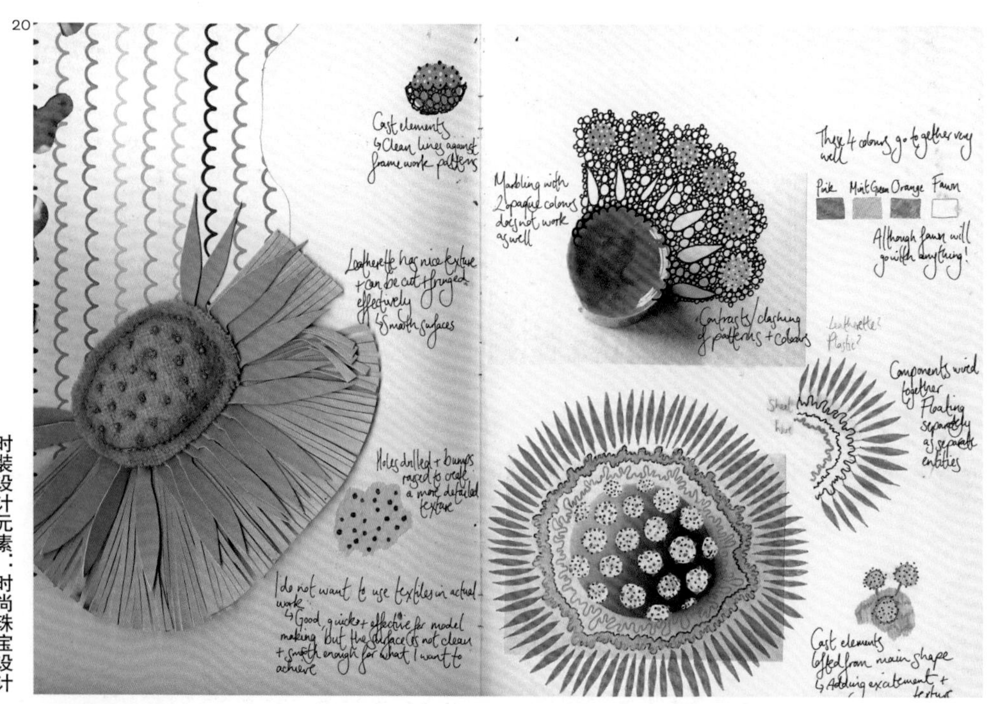

假设你的客户需要你进行一项设计，为此，你需要创作一个或一系列的情绪板。首先，你应该考虑你的消费者是什么样的人，比如：

- 他（她）的生活方式是怎样的?
- 他（她）在业余时间会做什么?
- 他（她）的穿着通常是怎样的?
- 他（她）一般会到哪里购物?
- 他（她）可能会对哪些品牌感兴趣?

你可以按照第58~59页的要求进行该项目的信息采集。

将你的调研进行分类编辑，例如历史类、文化类、色彩类和材质类、素材类和图片类。创作一系列的情绪板或灵感板来表达你的设计理念。

撰写简短的文字或故事对你灵感的梳理将会是很有帮助的。可以引用诗歌或文学著作里的句子，或记录一组关键的短语，抑或是历史或电影中一个特殊的流派或人物——上述这些可以和你的情绪板一起帮你阐述你的想法。

打开思维并不断扩大自身的兴趣领域是很重要的。这能使你的创意保持活力，富于挑战性，同时也是激动人心的。

21. 该作品由英国爱丁堡大学艺术学院学生席亚拉·鲍尔斯提供。

21

“龙葵”（Nightshade）鸡尾酒戒指，18K白金上密镶着钻石和紫水晶，以及18K黄金制成的雄蕊，由麦金隆（Mackinhon）设计。

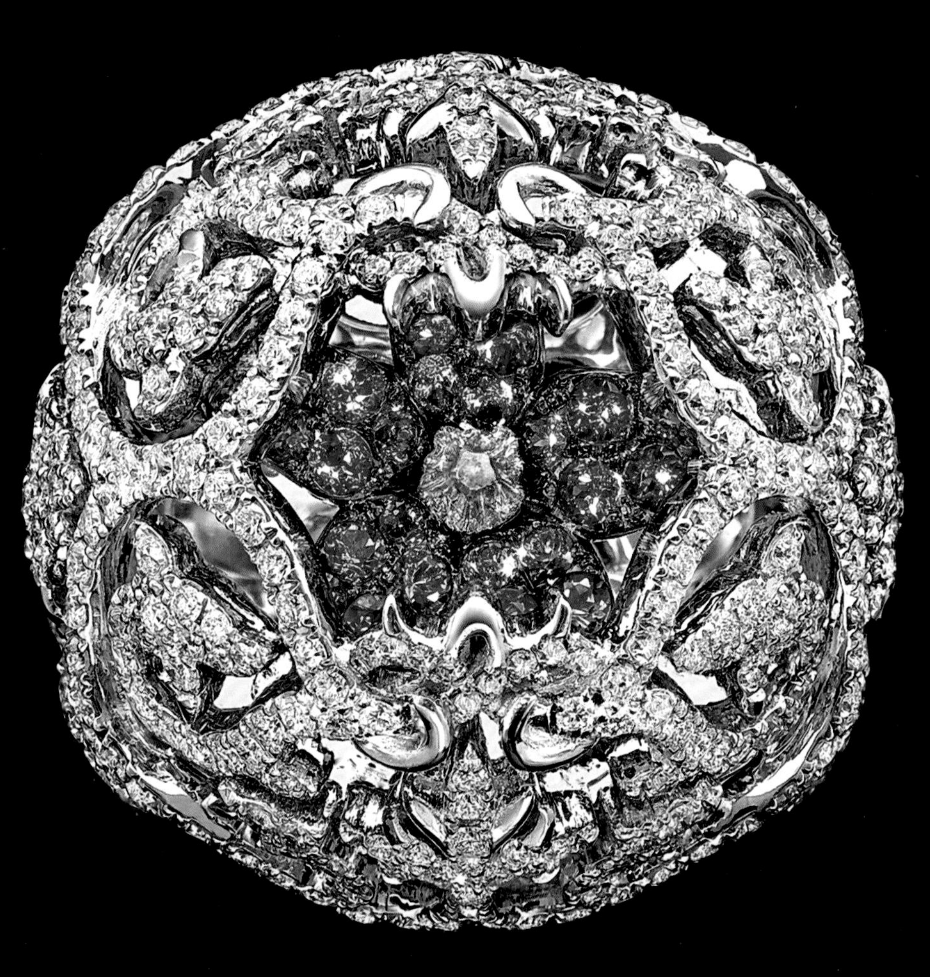

学习首饰设计可以提升你的创新能力，扩展你的专业研究能力，能够解决一系列的技术课题及进行延续设计。本章内容将为你拓展你自己的设计给予指导。

全面了解一件作品的制作是很重要的。在欧洲，虽然设计师不需要再经历为期七年的传统学徒期，但是对设计师来说，学习和掌握首饰制作与加工领域的基础技能和手工艺仍然是十分有必要的。

本章主要探讨了一个设计提要是如何最终变为现实的。同时也关注了计算机辅助设计（CAD，Computer-aided Design）和计算机辅助制造（CAM，Computer-aided Manufacturing）在这方面的运用。设计提要主要是对设计意图、提案或者概念构想的描述，也可以是一段简短的描述，而且应该激发你的创意。首饰存在于一定的语境中，它们可以来源于历史、文化或是当代思想，而且作为一名设计师，你需要为你的系列设计营造你自己的语境。慢慢地你会发现，作为你的一种调研思路，把你从想象、日常生活、电影或文学中获得的想法描述出来是一种非常有用的做法，同时它也将构成你的设计研究的基础。

1

2

出色的设计师对自己调研与参考的深度是要求非常苛刻的。在设计初期做的准备工作越充分，在样品制造与正式生产阶段做出决断时就会越容易。

埃里克森・比蒙首饰公司（参见第160页）在2000年为纪梵希T台秀设计了一款头饰。在这里，你可以看见一些初期的设计草图和最终的成品。

3

1、2. 由埃里克森・比蒙为纪梵希品牌设计的带有翅膀的头饰的设计草图。

3. 纪梵希T台秀上所展示的最终头饰。

设计师通过调研来拓展其设计理念。在这一阶段，设计师把调研的核心内容进行整合，并围绕着这些影响因素绘制最终的设计图。他们将他们的调研看作是可以进一步探索其排列组合与创意理念的视觉素材。

在这一阶段，设计师需要保持灵活性并对变化持开放的态度，这一点很重要，因为贵重金属、材料和宝石的价格和可用性可能会随时发生改变，这些都会影响到设计提要的完成程度和最后的成本核算。

手绘本

手绘本记录的是设计师的创意历程和思考过程，而且会不断演进，它们由拼贴画、铅笔画、各种材料、文字及找到的各种媒介组成。手绘本为自由探索极具创造力的想法提供了一种模板，而且这些素材都是设计过程中的基本要素。在绘制完整详尽的设计图之前，拼贴画可以帮助设计师更好地斟酌设计的细节与偏好。

在设计拓展阶段，设计师应该保持灵活性，并且在想法最终敲定之前，探索多种排列组合形式是很重要的。所以手绘本应该以一种生动而富于感染力的形式展现出你思维与分析的广度和细节。

4

选项1

选项2

选项3

4. 由萨拉·霍（Sarah Ho）设计的“莲花”（Lianhua）耳环草图。
5. 由萨拉·霍设计并最终完成的“莲花”定制耳环。

5

设计效果图

对于一个系列的视觉表达来说，设计效果图起着十分重要的作用。设计师通常将手绘草图与通过各种软件包组合使用获得的电脑设计图相结合，来展现最终的设计效果，而这些草图通常会标明该产品所属的线路规划、工艺结构图和规格说明。

艺术首饰的设计效果图的传统绘制方式是采用水彩、水粉（渲染）或者钢笔和墨水作为绘画工具，这是需要有绘画天赋的。软件包的开发可以使学生在展示作品集时直接复制工业化的标准程序和技术。在当今快速发展的设计环境中，掌握一些计算机技能可使你更好地应用这些软件包，这将是一件非常值得的投资。

如果你没有出色的绘图技能，或是你无法驾驭CAD软件技术，你仍然可以有多种方式将你的想法和设计转变为现实。如一些设计师通过简单的铅笔画和3D材料以及模型制造技术（利用蜡、黏土、珠子、链子和金属丝这样的材料）相结合。你可以通过聘请专业人士进行指导，以模型为基础创建你自己的CAD文档。

6、7. 萨拉·霍为萨拉·霍定制线路（Sarah Ho Couture）设计的“奥罗拉”（Aurora）项链的草图和成品。

8

8. 拉利克（法国首饰品牌）的“维斯塔”（Vesta，罗马神话女灶神）项链。

9. 安娜·德·科斯塔设计的已经完成上色的“甘迪”（Ghandi）耳环设计图。

10. 安娜·德·科斯塔设计的“甘迪”，20克拉的祖母绿耳环与干邑白兰地钻石。这些符合伦理道德的耳环是与吉姆菲尔兹（Gemfields，顶级有色宝石供应商）矿业公司合作打造的。

9

10

工艺结构图

已完成的设计一般都会附有工艺结构草图（规格或机械制图）。这些草图提供了一个物体的不同视角。它们可以描绘出一个设计的侧视、正视和俯视效果，以及每部分使用的材料和尺寸。而规格说明则集合了产品开发者、模型制作者（原型制作者）以及生产者所需的信息，帮助将设计图转化为蜡或金属的模型。这可以使设计师看到三维效果（3D）的实体，可以在此基础上进行修改，以确保成品在生产出来之前，尺寸和重量都是准确无误的。

11. 阪口大助（Daisuke Sakaguchi）设计的手绘设计图——“菊花”（Chrysanthemum）吊坠。
12. 莱俪（Lalique）“魅力”（Vibrante）系列吊坠，以9K黄金、琥珀色水晶、香槟色钻石打造，黑色绳带上还饰有彩球（Pompom）。

11

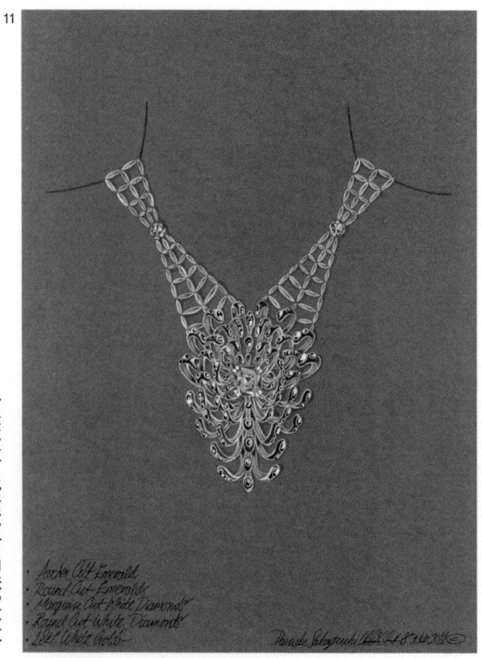

12

13

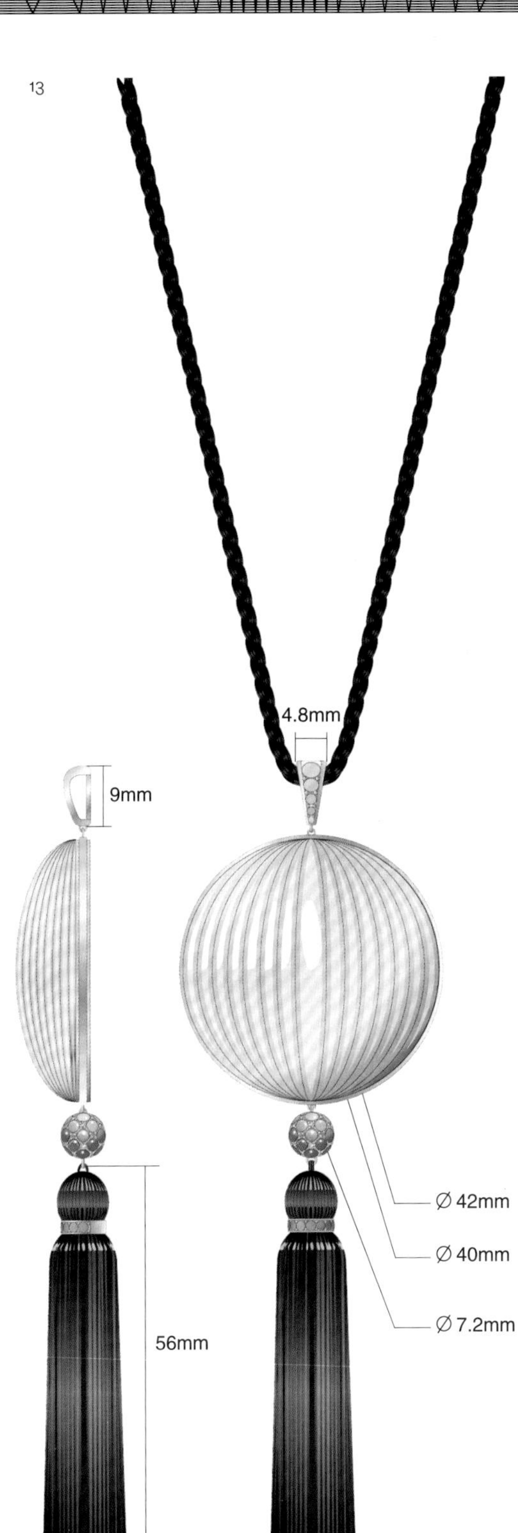

13. 为莱俪绘的“魅力”系列吊坠的设计图。

计算机辅助设计（CAD）是什么？

计算机辅助设计（CAD，Computer-aided Design）指计算机中任何可供设计所用的软件，包括二维（2D）和三维（3D）设计操作。这样的定义比较宽泛，因为CAD软件包种类繁多，有为专业人士设计的，也有通用的。

CAD软件为首饰行业带来了非同凡响的影响。这样的软件使设计师可以轻松地展示产品在视角和色彩上的变化。在成品制作完成前可向客户展示设计原型，并为生产商提供详细的生产技术规格要求，这也是很有必要的。虽然CAD并没有成为传统的设计模式，但却成了设计中有用且精准的辅助性工具。

"计算机辅助设计起初是为了重工业（如航空航天工业）和建筑业绘制出完美的几何图形而开发的。如今这些辅助工具已经与多种产品设计（如雕塑和首饰设计）密不可分，这一事实充分说明了计算机在过去短短几十年内已经走得很远了，而且在未来，计算机技术会变得更先进、更直观。"

——杰克·梅耶（Jack Meyer），伦敦敦霍尔茨首饰学院（Holts Academy of Jewellery, London）

14、15. 通过CAD渲染后的可视化铅水晶与18K的黄金龙蛋。

14

15

计算机辅助制造（CAM）是什么？

计算机辅助制造技术（Computer-aided Manufacturing）可以运用CAD在屏幕上进行产品的创作，并将其转化为实物。CAM技术有很多种，例如：被汽车制造厂用于组装汽车的机器手臂、切割蜡或金属物件的小型数控机床（CNC）的铣床。

快速成型是CAM制造中一个叫“所见即所得”部件的一种特殊形式，它与三维CAD生成的设计图在尺寸与大小方面完全一致。

16. 快速成型的机器打印
17. 数控机床的铣床可以精确地切割小型物品

17

CAD

在首饰设计行业，用于生产制造的CAD软件包括以下内容：

2D设计工具

- Adobe Photoshop
- Corel Painter
- Gemvision Design
- Studio

2D矢量图工具

- Adobe Illustrator
- CorelDRAW
- Inkscape
- TypeEdit

3D制模工具

- 3DESIGN
- DelCAM PowerShape
- Gemvision Matrix
- Firestorm 3D CAD
- JewelCAD
- Monarch CAD
- Rhino（Rhino Gold或Rhino Jewel插件）

3D雕塑设计工具

- ArtCAM JewelSmith
- ClayTools
- Autodesk Mudbox
- ZBrush

（在处理雕塑方面，3Design和Matrix也有内置工具）

CAD如何应用于首饰设计中？

对于首饰而言，CAD最大的优势在于它可以在首饰完成之前对设计进行测试。如果需要改动，用计算CAD进行修改比传统的手工方式更快捷、成本更低。另外，幸亏有了渲染软件，设计师可以向客户展示还没有最终敲定的成品概念。这使得设计师可以推销设计方案并根据需求进行生产。而这两种方式的结合已经将定制设计推向了全新的市场。

CAD可以做什么？

尽管所有的CAD设计都可以做到十分完美精准，但毕竟还只是个工具而已。它不可能为获得优秀设计或完美首饰提供捷径。所以，为了有效地建立自己的模型，运用CAD软件进行设计的首饰匠人们，需要跟金匠师傅一样尽可能多地掌握首饰制作的知识。

18. 由萨拉·赫瑞特用CAD设计的氧化银材质的“参数化”（Parametric）戒指。
19. 由萨拉·赫瑞特用CAD定制的镀金银手镯，内嵌185克拉的黄玉。该设计是从起重机的结构获取灵感的。

19

18

计算机辅助设计（CAD）入门

想成为能运用CAD进行设计的首饰工匠，你最好可以从以下几个方面开始：

- 学习绘画：对于任何设计师而言，能够在纸上绘制出设计图是至关重要的。
- 花些时间在工作台上，手工制作金属或进行蜡质模型的制作：你接触到的材料越多，对计算机CAD的运用就会越熟练。

一旦你获得了这些“真实世界”的技能，你就做好准备可以很有效地进行CAD软件的学习了。你当然可以在试用版本的软件上进行学习，但是通常最好是参加培训课程，这样会在一定程度上帮助你入门。作为学位课程的一部分，一个较好的短期课程或者CAD模块课程，都将会对你大有帮助。

20.“新浪潮”（Nouvelle Vague）由马克赛石与银打造的手镯，由乔安娜·达赫达赫（Joanna Dahdah）为2012年度施华洛世奇宝石定制（Swarovski Gem Visions）所设计。
21. 乔安娜·达赫达赫的“新浪潮”手镯CAD绘图。

21

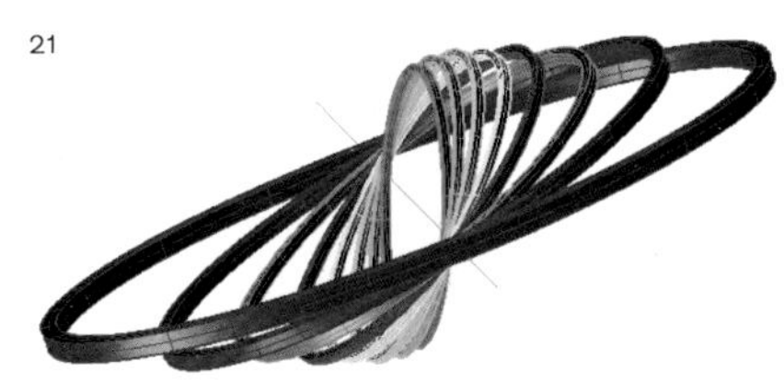

20

设计主管

多罗斯·皮涅（Dorothee Pugnet）是伦敦链接（Links of London）女性首饰&配饰的主管。

22

22. 多罗斯·皮涅
23. 多罗斯·皮涅的名为“世界”（Universe）的情绪板，记录了男性和女性的主题。

［译者注：伦敦链接（Links of London）是创建于1990年的英国高端现代首饰商，主要设计和生产纯银、18K金首饰、手表、礼品等。伦敦链接的总部设于英国伦敦，至今已在英国、中国、美国、日本等9个国家拥有84家专卖店以及211家零售专柜。伦敦链接于2006年7月加入芙丽·芙丽集团。凯特王妃在与威廉王子订婚照中佩戴的耳环就是伦敦链接品牌2006年出品的——希望（Hope）系列白晶耳环。］

多罗斯·皮涅21岁时就在迪奥品牌高级定制的首饰线路担任初级设计师，从那时开始，就开启了她的职业生涯。更早些时候，她在迪奥档案室获得了为期一周的实习机会，从此便与迪奥结下了不解之缘。此后，她从档案室调到工作室，做刺绣、煮咖啡、织物实验等，总之她样样都做。

在设计自己的系列作品时，她总是凭着自己的直觉把各种事物联系在一起，如图片和材料。她有好几个装满物品的箱子，这些都是她从跳蚤市场或供应商那里淘来的。整个过程中最重要的部分是创作情绪板和拼贴画，这些资料将有助于她保持敏锐的直觉。她将许多不同的想法画成草图，而且只有当材料足够充分时，才会从中选取一个方向开始设计。

在设计图绘制结束之后，多罗斯·皮涅将这些设计图分享给产品经理和开发人员，以确保这些设计能够满足品牌的商业需求。通过将系列设计看作为一个整体，其设计的最终方案就可以在打样阶段被确定下来。

每年，她都要同时进行几个系列的设计工作。目前，她正在着手一年两季（春夏季和秋冬季）的设计工作，其中每一季都要有全新的系列，或一些产品线路的延伸，还有一些是限量版和季节性的设计。

过去，多罗斯曾经在时装屋工作过。那时她会同时完成4个女装成衣系列的设计，每个系列中都包含7个首饰主题，分别与每个系列中的5~25款服装单品搭配，再加上两个男装系列和两个高级定制系列的设计，其中包括一个度假（Cruise）系列和一个浓缩（Capsule，滑雪或圣诞）系列。

为时尚公司工作所要面对的挑战之一，是在完成多个系列设计的同时，还要紧紧跟上流行周期的快节奏。将设计说明（主要是文字）转化为成功的产品，并使之与创意总监的想象相一致，这是很有必要的。因为为品牌工作的设计师与独立设计师之间最大的差异就在于，如何在自己的创意风格与品牌DNA或市场之间找到一个理想的平衡点。

多罗斯还曾经与约翰·加利亚诺和海蒂·塞尔曼尼（Hedi Slimane）团队一起工作的过程中获得经验。她见证了自己的设计投入批量生产并行销世界各地不同国家的整个过程。

她最喜欢的设计师有为纪梵希品牌做设计的里卡多·堤西（Riccardo Tisci）和为朗万品牌做设计的阿尔伯·艾尔巴茨（Alber Elbaz）。

多罗斯认为：对于年轻的首饰设计师来说，想要获得成功，需要具有好奇心和耐心，并做好长时间辛苦工作的准备。要时刻观察富有经验的人是如何处理事务的，并从中学习。她建议设计师要发现自己的世界。她说："你需要在你所做的所有事情中体现出一点点你自己的影子。"她还认为：要尽可能多地参与实习，因为这是人生最好的课堂。

23

在大型企业中，品牌设计者会根据业务开发团队提供的线路规划和关键渠道来准备产品系列（Collection）。在线路规划中会详细地列出设计所需要对照的零售及成本价格，以及根据以往的表现、销量和市场信息确定系列所需的单品数量及不同风格样式的数量。该线路规划是设计团队的指南，在该指南中会告诉设计者们产品系列具体需要设计多少耳环、项链、手镯等，以确保产品系列能够获得最大限度的商业成功。

修正是设计过程中再自然不过的部分了，反复审视可以使设计者更进一步完善产品系列，并确定是否需要减少、替换或者删除一些重复元素。设计主管与创意总监负责确定最终的风格、在最后一刻决定是否增加材料或者更换材料，而这些在修正过程中都是不可避免的。

与业务开发团队和产品经理进行定期沟通与回顾，能够确保产品系列沿着正确的方向推进，但是即使是经过了再仔细的规划，开发小组依然会出现错误、延迟与变动，供应商或独立承包商们也可能会出现这样那样的其他问题。

24. 来自萨利马·塔克尔（Salima Thakker）的“网格”（Grid）系列的产品案例，每一点都是经过审慎规划的：18K镀金袖口，镶嵌着珍珠与银制成，由萨利马·塔克尔设计。
25. “网格”18K镀白金袖口，用珍珠与银制成，由萨利马·塔克尔设计。
26. “网格”18K镀白金袖口，用银制成，由萨利马·塔克尔设计。

24

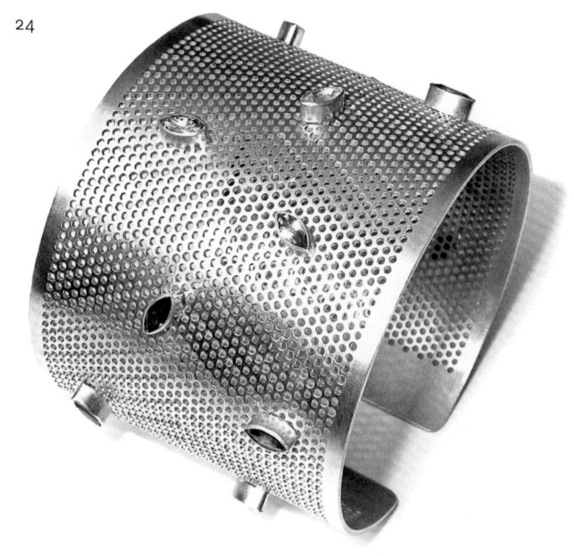

项目管理

对于设计者来说，规划一个工作时间表是很不错的做法，这样做是对设计进程进行全盘考虑，同时可以确保在最后期限之前完成产品。创建一份工作计划（在计划中列出关键的时间节点）可以让设计者有效地安排时间，并管理设计的各个阶段。因此，建立一份工作时间表是一个避免拖延的好方法。

设计者们需要监管整个项目，为隐形的成本及技术困难做好准备。他们可能需要克服一些挑战，同时还要保留自己的创新想法，并且在整个过程中保持灵活性与适应性。

25

审核

对于创意总监来说，拒绝那些无法达成的创意想法是很正常的。最后，在整体系列产品的基础之上进行修正，考虑每个单品如何才能和谐地组合在一起，而不是孤立存在的。创意总监将会与团队一起评审产品系列，他必须确保产品之间不会重复，以及产品之间的组合及细节是恰当的，使得大胆创新与市场需求两者之间无偏颇。

作为团队的一部分，设计师在展现他们理念时应该做到易于相处：与设计主管和创意总监共同进行审核是一种建设性的对话和想法的交流。设计师应该维护其设计决策和理念。这是一个逐渐演进的过程，而且在整个过程中全无任何修改和返工是不可能的。

接下来是签发最终的产品系列，这个过程可能会涉及公司中很多重要职位，包括CEO、创意总监、销售主管、产品开发经理与业务开发主管等。

26

梅芙·吉利斯（Maeve Gillies）

27

27. 梅芙·吉利斯

（译者注：JCK，Jewelers' Circular Keystone，是珠宝首饰行业顶级贸易出版物和行业权威展。JCK拉斯维加斯国际珠宝展是国际三大珠宝展之一，始于1991年，至今已有27年历史。2006年展会规模已达到近6万平方米，参展商2700多家，来自世界40多个国家和地区，专业观众达到6万多人，来自100多个国家和地区。）

28

28. 玛奥娜（MaeVona）的“艾迪”（Eday）钻石戒指被授予2009年JCK首饰商最佳选择奖（Jewelers' Choice Award，美国）

梅芙·吉利斯是玛奥娜的董事长兼首席创意官，玛奥娜是一家专门从事以凯尔特结（Celtic Twist）为特色的婚礼珠宝与时尚首饰公司。

（译者注：凯尔特结是具有爱尔兰鲜明特色的传统之物。作为艺术品，它是凯尔特历史中最与众不同的一部分。但凯尔特结远非只是艺术品。其是有着历史、文化和宗教意义的强有力的象征物。凯尔特结最初现于公元5世纪，是用于装饰爱尔兰僧人的宗教著作。其来源于中东地区的编织工艺风格，最初是在叙利亚和科普特人的手稿上被人们发现的。因此，凯尔特的象征主义和新兴的基督教佃户相结合成为了独特的爱尔兰传统饰物。）

请谈谈你的背景。

我从15岁就开始从事这一行了。在英国爱丁堡大学的艺术学院（ECA，Edinburgh College of Art）获得荣誉学士学位（BA Hons），在英国皇家艺术学院（the Royal College of Art，UK）修得了首饰与金饰硕士学位。在成为多米诺（Domino，欧洲最大的铂金首饰制造商）的设计主管之前，我在世界各地的首饰行业中担任过设计师、讲师以及生产顾问。2005年，我与我们在纽约的合作伙伴成立了属于自己的首饰公司——玛奥娜，开启自己的业务。

你最初来自苏格兰，那么你是如何在美国创立自己的品牌的？

我公司的共同创始人与合作伙伴都是美国人，在我取得硕士学位之前，我已经在纽约有2年担任时尚首饰设计师的经验。这有助于我在美国确定自己的市场定位——带有苏格兰风格的婚礼首饰设计，我所成立的公司就是专门针对这一市场创立的。

你为何选择创立一个专门针对婚礼首饰的品牌？

当我在英格兰的多米诺[英国领先的铸造公司，韦斯顿·比摩（Weston Beamor）的子公司，是一家设计公司]工作的时候，就曾面临这样的挑战，那就是在公司目录中，在成千上万已有的婚礼珠宝设计中添加新鲜的设计。我的设计在欧洲市场中的影响力（5000位顾客，30个国家）给予了我自信，使我相信我可以在这个地区做出与众不同的事情。另外，我发现我非常钟爱婚礼首饰设计；因为首饰对于购买者来说具有非同寻常的情感

29

29. 玛奥娜备受赞誉的以凯尔特为灵感的设计图，由梅芙·吉利斯绘制。

30

30.“埃奥萨岛”（Eorsa），“埃里斯凯岛”（Eriskay）和“斯考塔塞岛”（Scotasay）钻戒——玛奥娜设计。

价值，所以我愿意花更多的时间去关注它的细节、创新性及工艺，而且我所付出的努力真的获得了赏识。

对于婚礼首饰设计来说，最关键的设计考虑因素是什么？

实用性：舒适、耐用，能够养护宝石。

优雅：与手型相协调，能够突出宝石的形状及佩戴者的手指。

永恒设计：创新、独一无二、历久弥新。

材料是如何对你的设计带来影响的？

珍贵的材料给了我灵感，特别是像铂金这样稀有且特殊的金属。对于珍贵的宝石而言，材质的老化程度也是很关键的，因为人们会每天佩戴它，并持续许多年。

美国客户和英国客户有什么区别吗？

除了审美观念不同以外，主要的区别在于新婚时的购买习惯——美国客户通常首先选择钻石或宝石，然后单独选择戒托来搭配。而且商标得要很有名——美国客户会在网上研究设计师品牌，并前往实体店询问特定的戒托或设计师信息。

你一年要完成多少个系列的设计工作？

每年通常会有两个新婚系列，以及至少一个时尚首饰系列。

你从事定制项目吗？

玛奥娜创造了我们现有设计中的定制版，以搭配客户的钻石和宝石。我也参与了非首饰的金属项目，为高原骑士酿酒厂（Highland Park Distillery）50年窖藏的威士忌制作了限量版的银制威士忌酒瓶，该酒最近在哈罗德（Harrods，英国伦敦的一家奢侈品百货商店）发售。

你的灵感来自何处？你又是如何将灵感转化成设计的？

爱与生活！艺术与音乐，旅行与自然。我在纸上画图和修改，然后用CAD把我所有的想法转化成实物。

你对年轻设计师有什么建议？

努力工作，认真倾听。要坚持不懈，充满热情，充满活力。一旦你的设计产品开始销售，不要忘记持续改进发展。

在计划与记录你的工作时，起草一份最初的工作计划（在计划中详细地列出你所设计的产品数量）是非常有用的。请记住在该计划中还应包括预计的成本及批发与零售的价格。这样可以让你更好地了解整个项目的限制条件、挑战及最后时间期限。它能帮助你发现设计中存在的问题、隐形的成本，以及你需要进行调研或材料采集的更多领域。

31

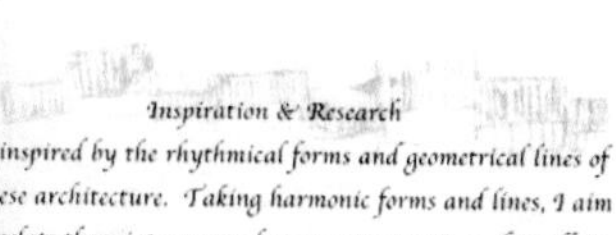

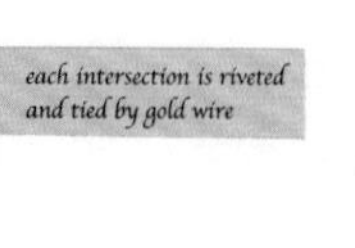

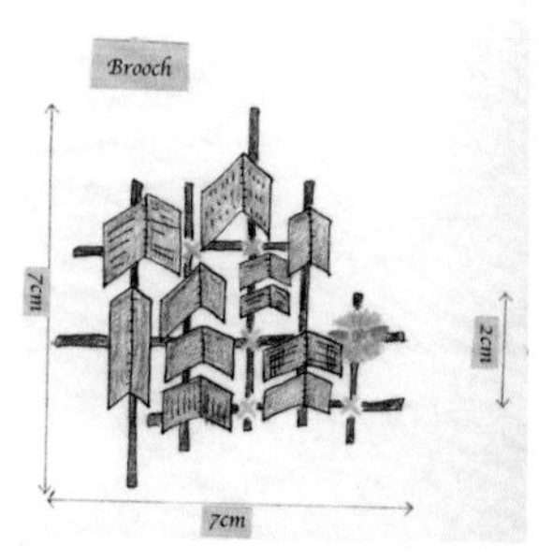

- 为产品系列中的每一个产品都草拟一份生产图或者关键路径。这将有助于你有效地管理自己的时间，并确定关键性的时间节点。
- 清楚地记录你的工作进度，有助于不断地完善产品系列，并反思自己的工作过程。
- 记住保存原有的设计材料、研究资料、技术图纸以及其他任何与设计有关的东西，这样可以为后续的产品系列提供再次思考、实验和讨论的依据。
- 考虑首饰的功能性：是否耐用？佩戴是否舒适？是否从每一个角度看起来都非常吸引人？
- 考虑技术方面，如设计的实用性，产品是否与服装搭配？长时间佩戴是否太重？
- 应从艺术的角度考虑设计是否会挑战首饰的传统观念。想要形成什么样的市场反应？设计是否有创新性？是否能够填补市场中的一个利基（Niche，市场空当）？与你的竞争对手的产品有何不同？
- 需要牢记的一点就是经济因素，你瞄准的是哪一个市场？应确保你所设计的首饰产品适合你的目标客户。

31、32. 来自英国爱丁堡艺术学院本科生住岡真理子（Mariko Sumioka）的设计草图。

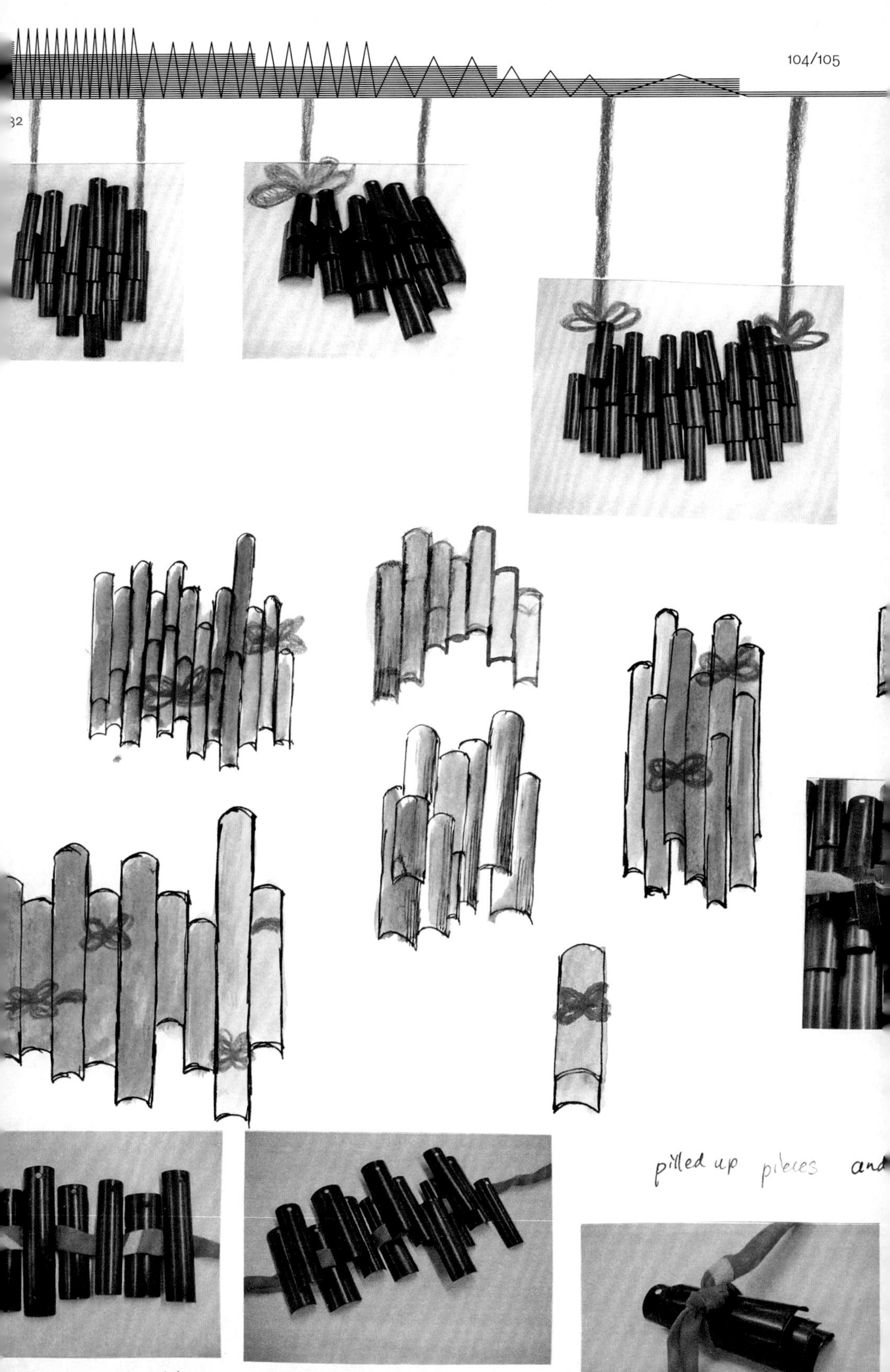

32
pilled up pieces and
pieces with kimono...... good combination.....

纯银项链“点石成金”（米达斯接触，Midas Touch），由伊丽莎白·高尔顿设计。
（译者注：米达斯是希腊神话中的一位国王，能点石成金。）

本章探讨的是一个设计系列如何开发并推向市场，同时也介绍了设计团队所涉及的成员及其作用。

制作一个品牌的系列产品的周期是季节性的，且受到诸多因素影响。一个设计系列从初步的草图设计到最终发售，所需要的时间可长达12个月。其中涉及多种因素，如制作样品、定价和利润估算。在一个系列最后敲定之前，设计团队需要与负责商业事务、视觉营销和市场营销的团队合作。

系列的研发在很大程度上取决于团队成员，这些成员要及时向创意总监报告进展情况。因为设计团队是与工作室经理、产品研发团队或产品研发经理（负责监督整个生产中的关键线路、寻求新供应商或是管理现有供应商的人）一起共事的。

1. 作者、伦敦链接的前创意总监伊丽莎白·高尔顿和摄影师彼得·派德诺默（Peter Pedonomou）正在对拍摄的照片进行艺术指导。

1

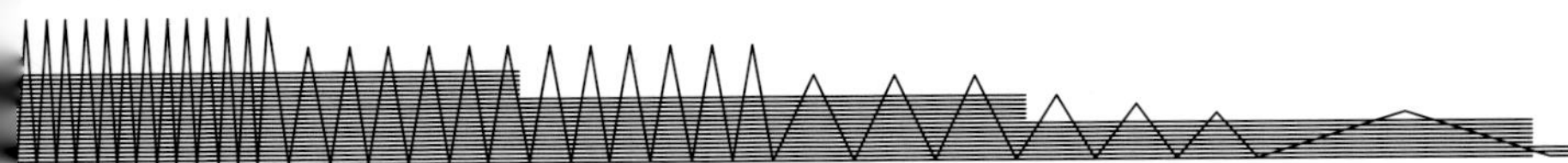

创意总监

创意总监领导团队，负责为一个产品系列设定创意构想，从初始的设计阶段到后期的样品制作和生产阶段。创意总监将会为在设计过程中所做出的关键性决策及修改负责。视觉营销及营销活动成功执行的责任也将会落在创意总监身上。

简要介绍设计团队及工作室的工作职责、将产品系列展示给零售员工，这也是创意总监这一角色的重要一面，这样的沟通能力与创造力一样重要。就其所处的高层主管层面来看，保持商业头脑常常是取得成功的关键。

业务开发主管

业务开发主管主要负责与业务研发团队的协调，并对市场进行深入分析，以确定其业务符合当今的需求。根据与零售部及商品部门的讨论，业务研发团队将会进行产品线路规划以及为每一个产品系列设定零售价格。接下来，这些计划就会交给设计团队去执行。业务开发部门还要负责与营销部门联络，就产品系列营销所需的所有材料达成一致，如卖点信息、视觉营销的道具、包装及拍摄等。

工作室经理

在较大型的企业中，设计与产品开发小组都是由工作室经理来进行协调的。而工作室经理的职责则是与更广泛的业务团队或者部门进行合作，包括市场、商品企划及业务开发拓展。工作室经理的职责就是负责协调市场营销的材料、产品包装、产品图（在白色背景上展示产品的照片）及视觉营销的概念等。

设计主管

在大型的首饰品牌中，通常有资深设计师这一职位，负责非常具体的产品线。如男士首饰和手表或女士首饰。这些设计师每天还要负责管理初级设计师。

产品开发人员

产品开发人员跟踪管理产品开发过程中的一些关键路径，以确保按照设计团队的要求和创意总监的初衷实现其设计。产品开发人员会为一个新的系列产品寻找新的供应商，获取原材料及辅料，并对目前合作的供应商予以管理。

模型制造师/打样师

在大型品牌中，通常会让有经验的工艺师来完成最初的原型或者模型的制作工作。这样做可以使设计团队很快看到效果，并且要在向生产商推介该系列之前及时做出修改。

CAD设计师

设计团队通常会拥有设计经验丰富的资深CAD设计师。从产品规格的细化和项目的复杂程度来看，这些人员是很有必要的。

资源

刚起步的设计公司最好选择独立的或共享的工作室。选择后者的话，设计师需要租下一块实验区域。在工作室内，用以共享的基本设备包括：工作台、抛光机、裁切机、滚轧机、喷灯和炉台（锻造炉），以及清洗金属用的酸浸槽。还需要有一个可以与访客会谈的空间，这样既能商谈工作业务又可以营造专业的设计氛围。

通常情况下，根据一个系列产品的制作方式，或是在产品开发过程中可用的预算经费，我们会将专业的技术性工程外包给外请的师傅，如组装师、雕刻师、打磨师、镀金师和铸造师。

2. 英国设计师杰西卡·德洛茨在她伦敦的工作室工作。她成功地运作一个公司，并使其品牌迅速获得发展，是年轻设计师的典范。

西奥·芬内尔（Theo Fennell）

3. 西奥·芬内尔

4. Dum Spiro Spero（拉丁语，“一息尚存，希望不止”）吊坠，以9.4克拉的绿碧玺打造，收录在芬内尔的Carpe Diem（拉丁语，“抓住今天”）系列中。

首饰与银器设计师西奥·芬内尔的客户群明星荟萃，有已逝的伊丽莎白·泰勒、艾尔顿·约翰（Elton John，英国摇滚明星），奥齐·奥斯本（Ozzy Osbourne，英国摇滚明星）以及嘎嘎小姐（Lady Gaga）等。在1982年，西奥在他伦敦切尔西（Chelsea）的工作室和工作坊里开了第一家高端艺术首饰店，并在久负盛名的百货商店［如哈罗德，塞尔福里奇百货（Selfridges）以及哈维·尼克斯（Harvey Nichols）］里开了精品店。

“西奥·芬内尔”这一品牌以其幽默、奇特、精美的首饰和手工银器而闻名。在英国，厨房用品较为奢华，如纯银制的马麦酱盖子、番茄酱容器、小叉子以及刻有Sic transit Gloria Mundi（拉丁语）——“世间的荣耀就此消失”的艺术品。

你为什么会选择从事首饰行业？

我的家人都在军队，所以我们总是聚少离多。之后，我到艺术学校念书，因为20世纪70年代是艺术学院伴随着新思潮不断出现的时期，我就选择了学习肖像画。毕业后，一个偶然的机会，使我在银匠店找到了工作，从此便爱上了这种具有传统手工艺风格的艺术创作。

你设计作品的精神特质和标志性风格是什么？

我认为首饰和银制品都应该具有特定的意义，而最能凸显这种特定意义的应该是我们所谓的永恒，而不仅仅是代表财富和时尚。所以对于首饰设计，我们更应该投入情感，将这份永恒的情感融入精美的设计和精湛的工艺之中。因为我认为，风格是一种感觉，而不是特征。我们应该打开视野、打开思维接纳所有观点与想法。设计可以是大脑想象出来的，也可以是视觉的直观表达，就像一个人可以喜欢传统的东西，也可以喜欢奇特的东西，但是最终这种设计必须是真实可信的。感伤也好，幽默也好，最主要的

5

5. 由西奥·芬内尔设计的带有银制瓶塞的古董式毒药瓶。

6

6. 西奥·芬内尔的主题通常是暗黑和浪漫的，有Memento Mori（拉丁语，“记住你终有一死”）骷髅的意思。

是能与人的内心产生共鸣，所以，我认为“时尚风貌”并不总能达成这一点。

一个系列是如何演进的？设计的出发点又是什么？

说实话，灵感可以是任何事物。偶然的一句话、对一座建筑的一瞥、一首歌、一本书、一个人体或是被压扁的昆虫，但不是所有的灵感来源都是可见的。所以这个时候，绘制草图是很关键的，看看它会将你引向何方。有些时候，设计完全是形成于脑海之中的。

如何能够在保持你独有的作品风格的同时，设计出可以广为传播的系列？

至少要确保做出很精美的效果，不要因为你正在为价格低廉的市场做设计，就向人们摆出高高在上的姿态。

是什么成就了这些精美的首饰设计？

使用上好的材料，同时为了达成最终效果而选用最佳的工艺形式，才能达到最初的设计目标。而随后，它应该成为它的所有者生命中的护身符。

你的系列是如何制作出来的？

我的工作室团队十分了不起，他们都是能工巧匠。有些和我共事超过25年，他们的年龄在17~70岁之间，尽管年龄层次不同，但都有着丰富的工作经验和对工作的热情。从某种概念来看，我实际上是在和与我共事多年的工匠，或是某种意义上的储备人才，或是一群志趣相投的人在一起工作——这更像是一个微缩的教堂，兼具各种技能。

你对年轻的设计师有什么希望？

年轻设计师需要的是幽默、好问、开放的头脑、热情、才能，但最重要的还是坚韧。必须对设计首饰充满渴望，就像演员拼命想演戏、像芭蕾舞演员拼命想跳舞一样。被宠坏的人或是怯懦的人是不适合做这个行业的。

可以通过贸易展会、业内人士和工作实习等方式建立起供应商与原材料供应的数据库。很多企业的管理机构中都拥有属于他们自己的工商名录。通过这样的工商名录，设计师可以从具有较好信誉的供应商那里购买原材料或者取得联系。然而，大型制造商和亚洲供应商都会有最少起订量，因此，与当地的制造商协商较小的生产量是有可能的。许多面向西方市场的亚洲供应商都有自己的国际代理机构，主要为不能定期前往亚洲的设计师们监督生产。

在制造过程中，就某项专业技艺还可以聘用专门的供应商或工匠，而且当地的或欧洲的工厂可以承接小批量的生产加工。大多数主要城市都有围绕供应商设立的首饰专区，如英国伦敦的哈顿花园（Hatton Garden）、伯明翰首饰区（Birmingham's Jewellery Quarter）和位于美国纽约第五大道、第七大道之间的第45~48街的钻石区，这一区域也正是全球最早的钻石产业中心之一。

7. 银的品质证明是由品质检测局（Assay Office）来提供的，用以表明按照法定标准所需达到的含银量。

7

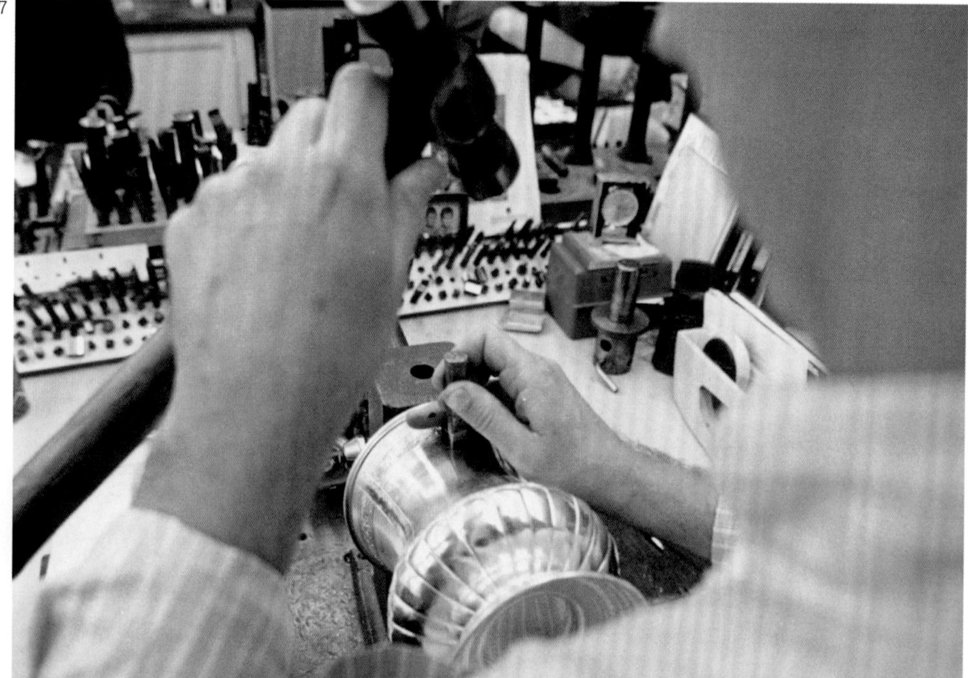

8

8.“螺丝钉”是由朗迈尔（Longmire）设计的袖扣，在螺丝钉的顶部可以看到银的纯度标记。

品质证明

对于珠宝、金饰及银饰行业来说，品质证明是独一无二的。而品质证明是指镌刻在贵金属成品上的一个或一系列的官方标记。这种证明是某种金属纯度或成色的保证，如正式的金属（试验）测试中的证明。以往，品质证明是由可信的第三方来完成——工艺保证人，如今则是交由鉴定机构来完成。

英国的品质鉴定机构分别位于伦敦（London）、爱丁堡（Edinburgh）、谢菲尔德（Sheffield）和伯明翰（Birmingham）。作为一个合格的品质证明，它必须由大家认可的独立机构或者权威机构来提供其含量保证。

对于贵金属的控制或监测是一种古老的检验与标记的概念，通常是以检验章（冲压记号）的形式来体现。采用这种鉴定方式（最初是在银饰上使用的）有着很长的历史，可以一直追溯到公元4世纪，它代表着最古老的消费者保护形式。

设计师与品牌还会有“制造商标识”（Logo），以区分他们与其他设计师及品牌的产品。这些标识（Logo）会伴有为期10年的品质证明。而这些证明是以冲压或者激光雕刻的方式进行标记，比较适合非常精细的首饰单品，同时这些精美的首饰也不会受到影响。

设计师可能还会持有一个品牌商标，该商标在专利局注册登记过，这也是各国保护品牌的方式。

为知名品牌工作的设计师需要遵循一系列的线路规划，以确保他们设计的作品符合企业的商业需求。经验丰富的设计师需要了解原材料的成本、目标成本价格以及符合设计需要的利润。在销售额和过往业绩的基础上，企业需要确定其竞争对手的零售价及其市场的承受力。

9. 名为“蜻蜓”（Dragonfly）的手镯，嵌有绿碧玺、星光蓝宝石、海蓝宝石、月光石、蓝电气石（蓝碧玺）和钻石——出自博德尔斯（Boodles）。

9

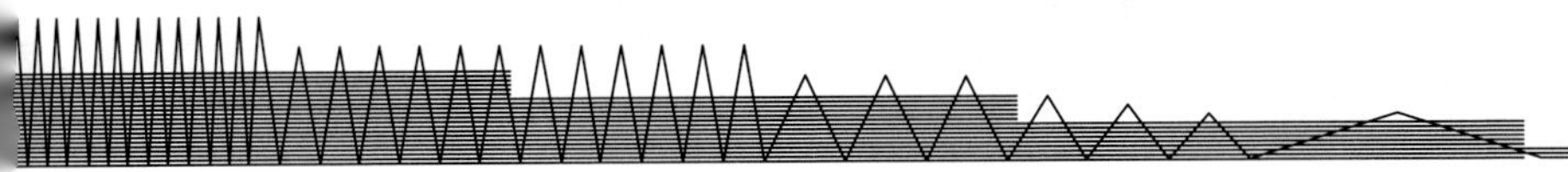

从市场层面来看，新锐设计师可以利用“竞争对手店铺”，研究他们目标市场层面的竞争对手。如果你没有竞争对手，那么可以通过拜访高品质百货商店或者高档精品店，将会使你明白零售商们是如何进行市场定位的。

零售商及百货商店的售价可能是设计师批发价的3倍。这种加价被称为三倍原则。高端艺术首饰产品系列可能需要更高的制造成本，但就一个产品的成功而言，这并不是先决条件，很多首饰商进入市场的时候都只有很少的几款精品，其产品系列会随着零售商及客户群的增长而扩大。

零售商赚钱的利润比设计师要多，因为他们需要承担所有员工的费用，包括广告及促销的费用，以及销售税、租赁及日常管理费用等。与其他商业产品不同的是，首饰会因为其固有的价值以及生产工艺，而保持较高的利润。

成本核算

在规划与测算某个产品系列的成本时，抱着实事求是的态度是非常重要的，因为它所反映的是你所选择的市场及目标消费者。

为了计算出“成本价”或者“商品成本”，设计师应计算制作产品的时间、所有的材料成本、一切外包工作的费用，如电镀与铸造，以及最后的品质标记。这一成本并未包括研发费用——设计所花的时间——因为这会使产品价格太贵；设计费用会随着时间的逝去得以分摊。一次性产品往往都会比较贵，因为它们所设定的成本无法在一段时间内核销，它们往往是采用诸多手法才能加工出来。然而，将某个版本的设计重复发行则可以达到规模经济的效益。

首饰的批量生产会涉及到生产技术的批次问题，如铸造、电铸或者冲压，这些技术可以使首饰的重复生产变得更加快速与高效。

为了计算出“批发价”（设计师给零售商的价格），设计师需要在成本价的基础上提升至少100%，这就是“利润”。利润空间是指业务销售收入中超出成本的税前部分。

在价格方面，一种比较好的做法是以竞争对手的类似产品作为基准。先看一下零售价格，然后再反推回来，看看比较实际的成本价为多少？据此，你可以评价某个产品在商业上是否具有可行性。

样品制作的过程是与设计和生产相关联的过程，可以交由模型制作师、公司内部的手工艺匠人或者工厂来打造（取决于业务规模的大小），以确保设计师的设想可以在生产过程中一直贯彻下去，然后再流转到店铺中。

第一套样品也许会有返工，有时还会在成本过高、需要增加利润的情况下替换材料。随后，设计团队会收到一套最终的“产品样品”，通过更为广泛的商业需求去验收测试，这些样品才会最终投入生产。

11

10. 蜡通常用于制造样品原型。拉利克的“蛇”吊坠蜡模型，其图案具有幸运的象征。

10

11. 拉利克的“蛇”吊坠是基于“神圣的奥德塞——拥有神圣力量的动物群”这一主题。由黄金、漆、流苏和琥珀水晶制成。是为中国新年特别制作的十件限量版。

核心材料

什么是黄金?

在英国，黄金按照克拉（CT，Carat）划分，美国则是开（K，Karat）划分。与钻石不同，黄金的开制克拉是按重量来衡量其纯度的。克拉计算的是在特定合金中，黄金与其他金属的比例。纯金为24K；22K黄金中，黄金占22份，其他金属占2份；18K黄金中，黄金占18份，其他金属占6份，即含有75%的纯金；9K黄金中，黄金占9份，其他金属占15份。

纯金的颜色是耀眼的金属黄。在金基合金中，尽管锌、镉、铁和铝也会用到，但是铜和银是金基合金的主要金属。提炼者所遇到的问题是如何在各个不同品质的纯金中，使其色泽和质量达到一个满意的平衡点。

什么是白金?

白金是通过将纯金和合金（如银和钯）混合得到的。传统上，镍用于白金；然而，如今大多数时尚的白金已经不用镍了，因为一些佩戴者会产生过敏反应。

白金的本色为浅灰色，几乎所有的白色金首饰都会镀上一种名为铑的金属，该金属是铂族元素之一，用来给白金增加光泽。

12. 为“酷炫钻石”（Cool Diamonds）打造的“点石成金”（古希腊神话，米达斯点石成金的故事）兰花戒指，采用了18K白金和钻石——伊丽莎白·高尔顿设计。

12

13

13. 由乔斯林·伯顿（Jocelyn Burton）为戴·比尔斯设计的作品，该作品是专门为备受赞誉的国际钻石项链（Diamond International Necklace）设计的比赛作品（在着色纸上运用水彩绘制的）。该设计包含黑色镀金蛇形链，外形有榄尖形和法式长面包形的夹子，嵌有宝石、狭长方形和榄尖形的流苏状物。

14. 由乔斯林·伯顿为戴·比尔斯设计的切割黑色缟玛瑙项链设计图，采用18K黑色镀金蛇链及多种钻石（在纸上完成的水彩稿，1999年）。

14

什么是玫瑰金?

玫瑰金是在合成时通过改变铜和银的比例得到的，为粉红色。

什么是纯银（925纯银）?

标准纯银含银量为92.5%，其他金属（通常为铜）质量为7.5%的银合金。纯银标准为1000份中，银占925份。由于纯银质地柔软，所以在设计生产过程中，很难制造出体积较大而且可用于每日佩戴的纯银配饰。通常情况下，我们会加入铜以增强其硬度，从而保持其延展性和美观。由于银易被氧化，会失去光泽，这也是加铜的另一个原因。

什么是镀金银（Vermeil）?

镀金银这一术语通常用于引领时尚的首饰市场。镀金银是在纯银表面镀上一层金。一般黄金至少为10K，厚度为1.5毫米的才被认为是镀金银。任何其他金属镀在纯银上都不能称作镀金银。对于制作工艺，镀金银会运用火法镀金或电解镀金的工艺来制造。火法镀金是一种古老的工艺，而如今更多的是通过电解来制造。镀金银其实是法语词汇，现在英语中也可以通用，但在美国使用的比较多。它在19世纪成为一种流行术语，代替了“镀银”一词。

15

16

15.“雄鹿艺术”（Hart Art）吊坠，用玫瑰金、红宝石以及钻石打造，由西奥·芬内尔设计。
16.“小冠冕”（Coronet）戒指，用黄金、黄水晶、钻石和蓝宝石打造，由西奥·芬内尔设计。

17

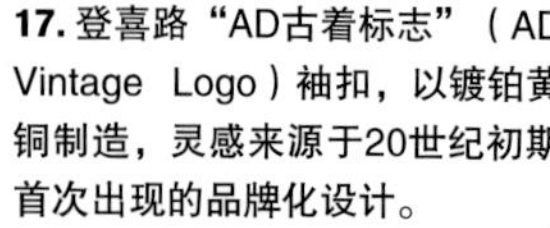

17. 登喜路“AD古着标志”（AD Vintage Logo）袖扣，以镀铂黄铜制造，灵感来源于20世纪初期首次出现的品牌化设计。

18

18. 登喜路“旋转灯塔”（Rotating Lighthouse）袖扣，用18K玫瑰金制造，并在旋转结构上镶嵌了48颗香槟色钻石。

克里斯·塔格（Chris Tague）从事产品开发工作。他为登喜路（Dunhill）和伦敦链接工作。

克里斯在英国拉夫堡大学（Loughborough University）攻读管理学（商业）学位，并实习了一年（锐步公司）。

毕业时，他在登喜路获得了学生实习的机会，协助首饰、手表、礼品、钢笔和打火机样品的开发、质量的监控以及最终产品的开发。之后，他被调任礼品部担任初级产品经理，从事了更多产品的工作，如袖扣等。他在登喜路工作了4年后又去了伦敦链接。

产品开发人员通常与海外采购部门合作；他们规范设计，包括规格、成本、制作时间表、目标并商定制作样品的时间。

由于大多数开发人员与亚洲员工共事，所以调整好时差是十分重要的。而另外的重要事项是在正常工作日中，如处理供应商邮件，在此过程中要确认产品没有出差错。接下来，与不同部门进行联络，包括准备产品签发、回答设计师问题、向市场营销部门提供样品的摄影照片或是会见商品销售部门的人，向他们展示商品，以便他们做好购买的准备。

与首饰设计师共事时，达成他们的预期是很重要的。在初级阶段，交流是重中之重。但至于什么是可行性方案、什么是成本过高的方案，这些都要给设计师反馈。优秀的产品开发人员不会代表设计师做任何决定，但是会保证向设计师提供充足的信息，以使最后制出的产品是他们所预期的样子。

19

19. 享有盛誉的宝诗龙首饰公司位于巴黎旺多姆广场（Place Vendome）。宝诗龙成立于1858年，现在是古驰集团旗下的公司。

娜塔莉·马利特（Nathalie Mallet）与宝诗龙合作，并在伦敦链接担任系列经理。

娜塔莉·马利特曾在法国的一所商业学校就读，专攻产品市场营销。

在法国巴黎宝诗龙实习的一年时间里，娜塔莉·马利特便开始了她的职业生涯。起初，她从事商品企划的工作，之后转战高端首饰的市场营销。成为产品团队的一员，使她了解了新系列开发的所有阶段，如从商业广告任务书到调研、手绘、从世界各地采集宝石，甚至是在巴黎旺多姆广场的工作间中从事开发。

系列经理的作用是向设计师介绍系列设计的基本情况，监督设计师跟进项目工作，以确保工作室工作的顺利进行。

作为伦敦链的系列经理，娜塔莉每天与设计团队密切合作。同时，她为工作室制订工作时间表。而这意味着她在设计师们之间起着至关重要的协调作用。

在此期间，娜塔莉学会了如何与不同的设计师进行合作。在处理当务之急时学会了保持镇定，从容不迫。

娜塔莉定期将所有的设计成员召集在一起，讨论当下和未来的事宜，研究当前设计，商定验收时间表。

卡西亚·皮考克（Kasia Piechocka）

20

20. 卡西亚·皮考克在她的工作间。

21

22

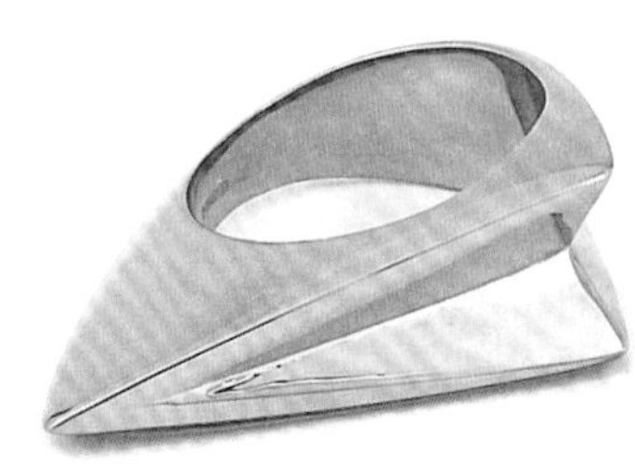

21、22. "大之重物"（Large Weight）吊坠和"大之重物"戒指，用纯银制造，并镀18K的玫瑰金——卡西亚·皮考克设计。

卡西亚·皮考克是新近毕业的大学生，她正努力创立属于她自己的品牌。

毕业之后，你觉得在首饰行业中的生活如何？

作为该行业的新晋设计师，生活十分具有挑战性，且充满竞争。然而我认为我所具有的井然有序的工作方法和专业的知识背景——甚至当我在英国伦敦中央圣马丁就读的时期——都使我在该行业的过渡期并未感到不适应，然而我的一些同事却出现了或多或少的问题。

目前的经济形势使得创立任何品牌都变得十分困难，更不必说奢侈品品牌了。一丝不苟的长期规划能力及迈向成功的坚定信念，将会使你适应这个行业。

当你创立自己的品牌时，你是否会通过实习或是从事其他工作来维持生计吗？

在我自己品牌的研发阶段，我花了很长时间，因为获得独特、高品质的设计师的声誉对我来说是更重要的。为了创立可持续发展的品牌，我选择做了两份兼职，并且开始打理自己的事业。这将意味着，其实我不依赖于我在首饰设计中所获得的收入，而是将自己挣来的钱直接投入到首饰行业中。现在，我每周去首饰品牌汉娜·马丁（Hannah Martin）的公司上几天班，并在一家餐厅兼职。我也在我的工作室为个性化消费者定制单品及其他特殊要求的订单。

你怎样才能使得买手和零售商看到你的作品？

我发现大多数的买手对中央圣马丁毕业生的专业技艺和作品质量很感兴趣。在尝试销售我的首饰时，资金流动是最大的障碍。

23

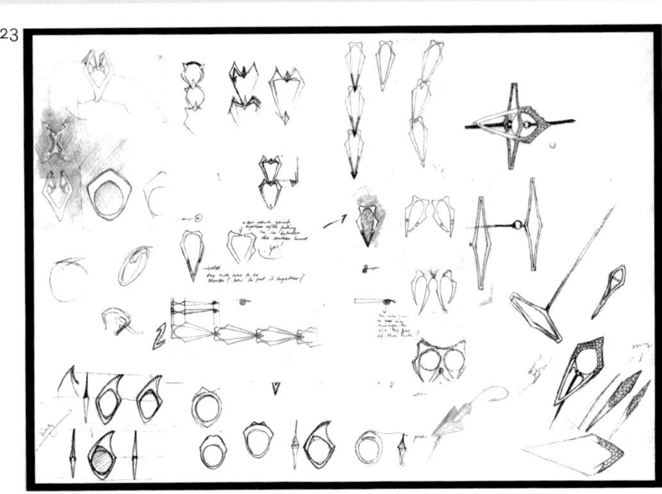

23. 卡西亚·皮考克的手绘本作品，选自“热爱垂钓之人”（About the Man Who Loved Fishing）系列。

现在，大多数的零售商是不会投资高端艺术首饰的。但作为一个年轻的品牌，我的库存是按需定制的。以我自己的资金来维持时装店的存货是不太可能的。所以，目前就我们的存货而言，一直是以“销售或者可以退货”为原则，而这意味着在某种程度上，我所能接洽的零售商的数目，是受到限制的。

你是否发现通过杂志或博客可以让你的作品更容易为人们所熟知？

我认为，任何新生的品牌试图获得杂志的浓厚兴趣都是很困难的。我发现，他们通常对成熟的品牌更感兴趣，而不太愿意刊登较小的、不知名的品牌。杂志和零售商正是处于一种“鸡和蛋”的处境。杂志似乎只愿意刊登大型零售商的存货，而零售商只想销售许多媒体报道过的产品。所以我倒觉得和博主合作较为简单，因为他们可以更自由地写他们所想要的东西。

根据你的经历，你对刚毕业的学生有什么建议？

我建议即将毕业的学生不要只是一味地倾听和遵从建议，还要将这些建议运用到你的创意、计划和工作方式之中。应把建议看作是帮助你成功的工具，而非成功路上的向导。

学会与人交流，并对你所从事的工作持开放的态度。但是，最重要的一点，我认为是极度地专注。你必须全身心投入，做好辛苦工作的准备。

当你的职业生涯蒸蒸日上时，最令你感到兴奋的是什么？

我平生的梦想不仅是想成为一名艺术家，还想展示我的作品，并以此为生。对我而言，能看着我的品牌成长、发展并稳定上升，至少能在经济层面上给予我莫大的支持。创业时经验不足、缺乏资金的确使得这条路走得很艰难，但是当你达到一些具有里程碑意义的时刻时，一切都会令人满意。

要想将设计想法转变为现实，需要经过材料试验、样品制作以及生产这些环节。所以你需要探究上釉术、折叠成型术、雕刻、蚀刻以及电铸等专业技术，以确定何种工艺最适合你的想法与设计。

在这些过程之前，你需要采购宝石、适合的紧固件、链子，并且订购所需要的金属。也许你还会和外包的工作人员合作，如铸造师、镀金师和宝石组装师等。你应该遵循严苛的路径及线路规划，并对任何可能造成设计误差与返工的问题做出预估，以确保不会出现差错。

- 找到适合的紧固材料、链子、宝石以及金属，并考虑你的设计将会如何佩戴以及在何种场合佩戴。
- 考虑你的作品将会搭配何种服装，以及你的作品所预期的重量。而且还要思考你的设计作品在不需要帮助的情况下，以何种方式比较容易佩戴，以及可以佩戴多久。
- 与有经验的铸造师、组装师和镀金师讨论你的想法，以确保没有任何遗漏和技术问题。

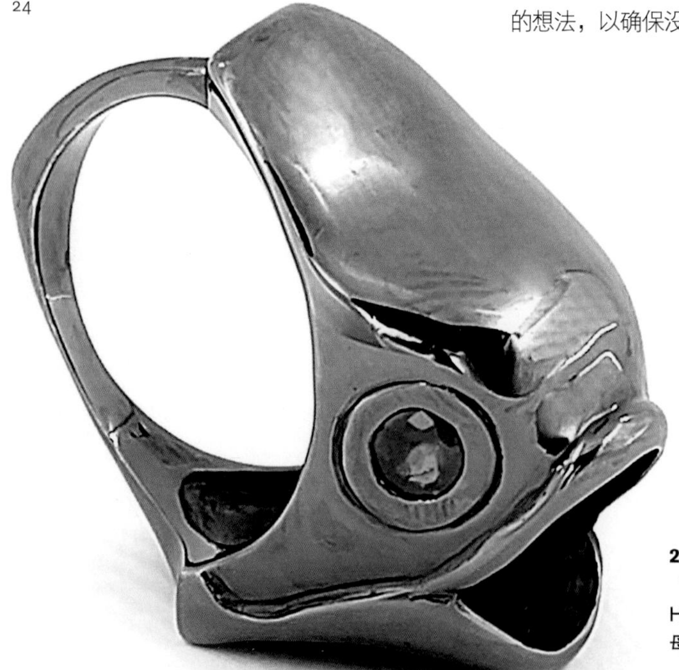

24. 由卡西亚·皮考克设计的“绿眼鱼头”（Green Eye Fish Head）戒指，以氧化纯银和祖母绿打造。

25

- 将你设计前的调研进行归类整理——灵感、色彩和宝石、材料和质地的探究。下一步则是进行CAD效果图或者工艺图的绘制，通过工艺图，可以制造出金属或者蜡制的样品。
- 进行样品试验，如使用滚轧机在平面的金属上测试肌理效果。尝试运用上釉术、雕蜡工具或者电铸、铸造技术等进行作品的试验。同时，也会使用到桩、锤、窝錾等来塑型。
- 将效果图和照片作为一目了然的形象化素材，来斟酌自己的想法与细节的组合方式。
- 保持灵活和坦然的态度很重要，因为很有可能，想法不如期望的那样有效，可使用的材料也会与预想的不同。

25. 卡西亚·皮考克的“热爱垂钓之人”系列的手绘本作品。

“垂直的面纱”（Vertical Veil）由菲利普·崔西（Philip Treacy）设计的头饰，是为施华洛世奇时装首饰秀设计的具有施华洛世奇水晶元素的设计。

如今，首饰品牌通过大量媒体传输的精美图片、广告大片以及搭配造型来销售产品，包括旗舰店、品牌专卖店、电子杂志、线上专卖店、网络电影、App及虚拟时装秀。

最近十几年，互联网、大众媒体及品牌均持续扩张到新的新兴市场中，培养出了很多十分懂行的消费者。在社会媒体的见证下，在线购物已经成为一种真正的社会体验，可供购买的商品无论是数量还是覆盖范围都出现了井喷式的增长。在线购物可以使消费者在众多的商品和零售网点中进行比较和筛选，这意味着企业必须更加直观和清晰地展示他们的商品，强化自身独特的品牌主张，并迎合目标消费群的兴趣与需求。

品牌化是一个强有力的工具，即便是规模较小的品牌和设计师，也需要谨慎地建立一个独特的视觉识别系统，以保证在快速变化的高科技环境中取胜。在本章中，我们讨论的是将某个产品系列展示并推销给消费者和买手以及媒体时需要注意的几个重要方面。

产品型录是对某个系列产品进行商业化摄影的记录文件，设计师把每一季的产品汇编在一起，将产品系列展示给零售商及媒体。产品型录是为了帮助买手及时尚编辑选款而专门设计的，告知他们新产品的设计故事与陈列展示情况。用于产品型录的图片一般为“展示摄影”（以白色背景拍摄的产品照片），可能还会有几张重要的时尚报道照片（佩戴在模特身上）。该产品型录还会包括商品价格、材料及联系方式等详细内容，在产品型录背面还会有相关的媒体报道（类似一份清单）。

一般来说，成熟的品牌会展示纸质的产品型录，但如果预算不允许，那么也可以以PDF的形式提供产品型录。产品型录应该使用高分辨率的照片，可以最大限度地提供信息，无须过分修饰。在准备产品型录时，设计师应考虑他们想要传达的整体风格与外观。产品系列的主题，不论是光怪陆离的还是暗黑幽默的，都可以利用相关道具及模特展现出来。

1. 图片出自伊丽莎白·高尔顿设计的“兰花系列”（Orchid Collection）产品型录。

一个优秀的、吸引人眼球的作品集可以使你获得一份工作或与设计师一起实习的机会。能够展示自身对系列设计各个阶段的理解，并且最终付诸实践，这样的毕业生正是雇主需要的。

你的作品集应展示出你所具有的流行趋势预测的能力，了解行业中具有影响力的关键人物，并展现出你的创造力。作品集应用心制作，可以分为6~8个部分，以表现你的绘图技术、IT应用能力、视觉研究以及材料探索的方法。

作品集也应展示出你对竞争伙伴的关注，展现你市场调研和锁定目标客户的能力。关注各品牌的产品型录以及画册的排版，以获取灵感。因为这些可以为你作品集中二维图片的展示，提供方法和思路。

制作作品集的注意事项

应该做到：

- 确保你作品集中的作品适合你所面试的公司，不要千篇一律。
- 检查并再三确认每个细节。
- 确保每一部分展示格式的一致性。确保最佳的展示状态，图片清晰，标题正确。
- 尽可能采用高分辨率的图片来展示作品。
- 确保你可以编辑制作你的作品集，并且是最新的版本，面试的公司与类型各不相同，应随时做好调整作品集的准备。

尽量避免：

- 包含所有内容；非常谨慎地编辑你的作品集并只展示作品最优秀的部分。
- 展示首饰样品时使用塑料袋；这种包装的拆卸会耗费时间；使用首饰袋或首饰盒是十分必要的。
- 在你的作品集中放入你不满意或不自信的内容——在面试中道歉或尴尬将会带来不利的后果。

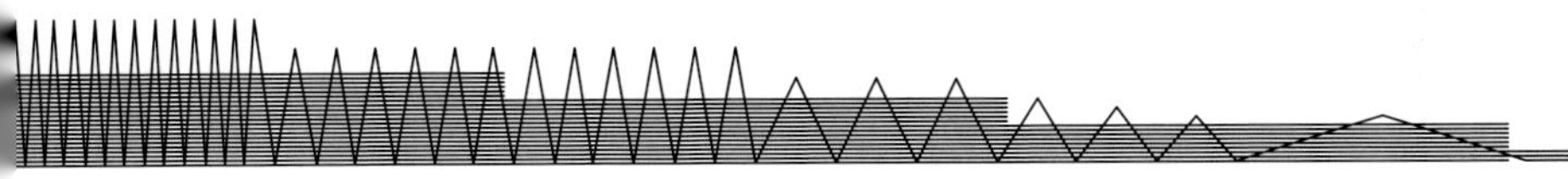

一些设计师会选择展示电子版的作品集。但要记住，如果采用这种形式，观看者将无法触摸或亲自感受首饰。然而，它的确可以帮助设计师在众人面前展示作品，也意味着他的作品集可以迅速被全世界的公司招聘人员看见。电子版的作品集真真切切地改变了新一代设计师的求职现状。然而，除了电子展示，一些公司还是希望看见精装版的作品集，提前准备一份是十分明智的，因为在电子展示中电脑可能会出现瘫痪、电量不足或其他情况。

潜在的雇主会关注应聘者是否研究过他们的品牌业务，是否了解市场与客户的重要信息。如果应聘者对该公司的设计进行过全面的研究，则会比其他应聘者更具优势。这说明该应聘者对这份事业充满了热情，并为此次面试专门花费精力做了准备。

作品集内容

作品集应当包含:

1.求职简历。不超过2页，一开始就表明你最近获得的成就及欲应聘的职位。

2.求职信（自荐书），以防在面试前HR（Human Resources，人力资源）首先要求看作品集。

3.设计说明或艺术家的陈述。应详细说明你的设计思路。

4. 每个部分都应附上简短说明。

5. 设计草图及最初的手绘方案。

6. 工艺图或CAD绘制的效果图。

7. 情绪板。

8. 行业或趋势研究。

9. 展示最终效果图的绘制。

10. 贴有标签的样品。

11. 原型及成品的图片。

12. 单品被佩戴后的展示照片。

13. 最终的成品画册。

14. 媒体剪报（如果有）。

15. 名片。

照片是一种销售手段。对设计师来说，向买手和媒体提供一组纯白背景的高分辨率的照片是很重要的。如今，许多杂志都会要求设计师提供产品的静物照片，在购物网页上进行展示。如果没有这些照片，设计师会错过宝贵的宣传机会。静物摄影关注的是产品，而时尚大片的摄影更注重概念和超现实手法，即用图片表达故事或是传达广告信息。独立设计师或知名度较低的品牌需要兼具专业知识和创意表达，充分利用自身优势来展现品牌与产品。

照片中应该包含产品钮系件或锁扣的特写镜头，从各个角度展示产品，确保图片具有良好的照明、清晰的画质，按照规定比例和精准展现产品中宝石或金属的色泽至关重要。也可以使用电脑软件而非实物摄影来表现设计，但是这样做并不会留下什么特别的深刻印象。

3

2

2.“莫霍克”（Mohawk）鸡尾酒戒指的特写镜头，以18K白金、钻石和大溪地黑珍珠打造——由安德鲁·盖根（Andrew Geoghegan）设计。

3. 伊丽莎白·高尔顿的“阿姆普拉”（Ampura）吊坠，收录在“奇趣屋”（Cabinet De Curiosite）系列中，拍摄背景为纯白色。

4.“奇趣屋”的产品型录封面，线条简洁，白色背景突显了图中戒指的造型。

5. 伊丽莎白·高尔顿设计的银制紫水晶魅力手镯，收录在“奇趣屋”系列中。色彩绚丽的照片突显出设计之精美。

4

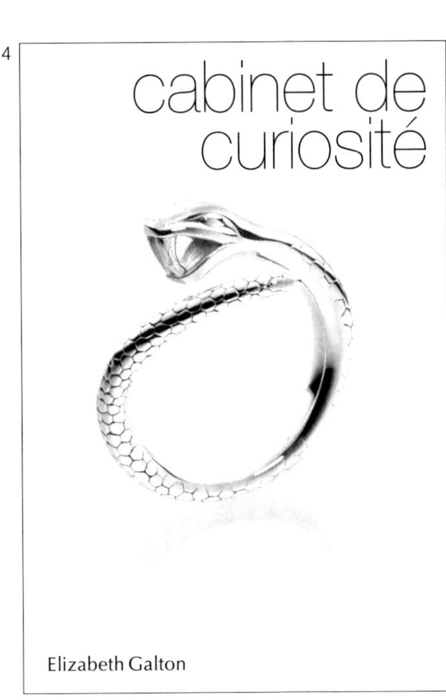

设计师会根据其拥有的资源使用报道图片或广告大片。根据设计师的创意设想，这些照片会被设定为特定风格，并以更加华丽的方式进行展现。图案的色调可以反映出系列作品的故事。无论灵感源于特定地点、特定物品或其他主题，都会使用相应的模型和道具作为支撑。

与接下来即将开展合作的专业人士（如造型师和摄影师）建立联系，通常是获得预算内的摄影作品的好方法。这些专业人士需要接触"新面孔"（年轻模特），这些模特同样也需要新的照片来充实自己的作品集，他们的经纪公司也会接受相当低的价格折扣，只要不是免费工作就可以。

5

如今，要成为设计师，单凭过人的天资是远远不够的，他们还要牢牢把控市场，考虑如何将产品推向市场以及如何围绕产品营造故事，从而提出独特的销售主张（USP，Unique Selling Proposition），在设计创意与商业运营之间达到平衡，取得长久的成功。

品牌投入大笔资金创造、维护和保护其品牌识别度。品牌名称或标识是一家公司最有价值和影响力的资产。品牌识别和消费者之间有着多层关系：个性、情感和功能。最强烈的品牌以其外观和独特的个性吸引消费者的注意，并且以其自身的传承与经典魅力给人留下深刻的印象。

品牌识别将品牌与其竞争对手区分开来，它可能由多个符号和不同色彩组成。最具标志性的图标很快会在全球范围内得到认可，无须亲眼见到产品，消费者便能与之产生共鸣，并作出某种假设。标识同时也是在产品上经常用到的图案，它们通常被用在五金制品和扣件上（调查所得）或是与某种特定产品有着紧密的联系。

6. 路易·威登标志性的字母组合图案和品牌化在世界范围内被广泛认可。

7. 登喜路将品牌标识作为品牌标签应用于其产品的细节设计上。

8. 高级首饰公司宝诗龙为其“明星产品”设计了极具纪念意义的广告大片。

9. 卡地亚用蓝宝石和钻石打造的豹型别针，豹子蹲伏在一颗大圆蓝宝石上。豹子图案与卡地亚品牌存在着密切的联系。

6

7

8

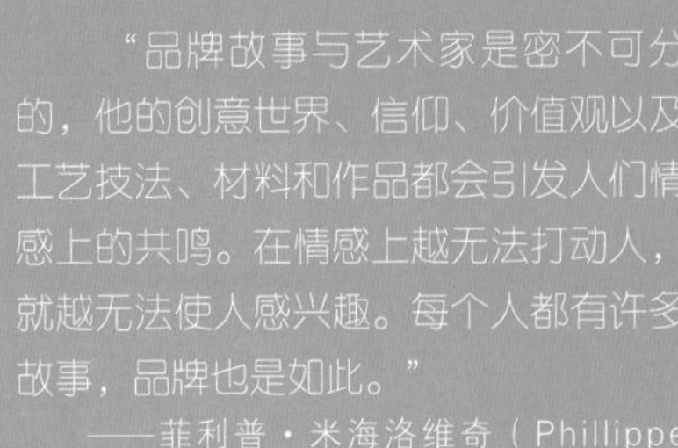

“品牌故事与艺术家是密不可分的，他的创意世界、信仰、价值观以及工艺技法、材料和作品都会引发人们情感上的共鸣。在情感上越无法打动人，就越无法使人感兴趣。每个人都有许多故事，品牌也是如此。”

——菲利普·米海洛维奇（Phillippe Mihailovich），法国艾代克高等商学院（EDHEC Business School）奢侈品牌管理学教授

9

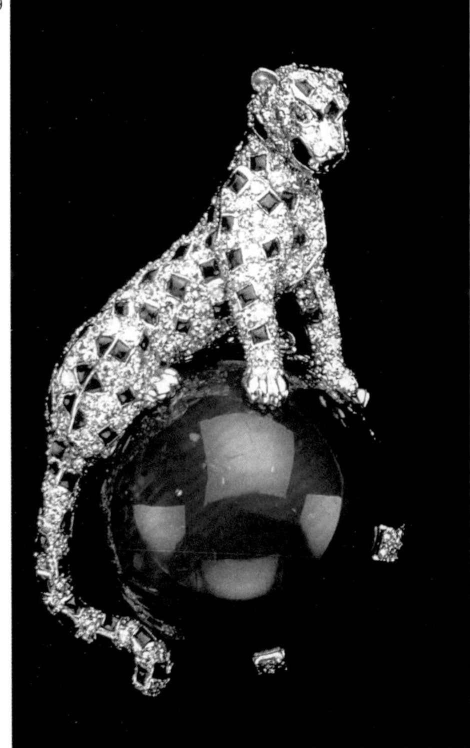

打造一个品牌

创建一个品牌可以按部就班，一步一步来，哪怕没有充足的预算。无论预算多少，关注所有小的细节——包装、产品保修卡或新闻报道——是在众多品牌中脱颖而出的关键。

小品牌或不知名的设计师可以和视觉设计师合作，制作简单的标识。花时间选择一个令人难忘的名字是十分必要的。品牌名称可以在设计师所在国及海外的目标市场中进行注册，可以将其作为中长期的投资考虑，从那时起价格也许会变得十分昂贵。

许多包装供应商会根据客户需求提供小批量的带有品牌标志的包装，或是采购现成的包装。随着品牌的不断发展，可以随时定制和更新包装。

10

11

12

10. 杰西卡·德·洛茨平面形式包装的“礼物”（Pressie in the Post）戒指，反映了她独特的手工设计水准与高度个性化的定制服务。

11. 威廉·切希尔（William Cheshire）制作的“浪子”（Libertine）吊坠包装，盒子上附有独特的词句——“挣脱文雅的束缚”（Escape From the Politely Organized）——体现了品牌精神。

12. 围绕法语单词“点燃”（Allumer）创造了一种独特的品牌识别系统，意为“照亮”（to Light Up），与其“皇家火柴”（Match Royal）项链相匹配。

13. SHO高端艺术首饰的包装十分独特奢华，与其品牌精髓相得益彰。

13

创立品牌

从零开始建立一个品牌，可以考虑以下几点：

- 名称适合呈现在包装上吗？
- 品牌名称可以缩写成标识吗？
- 品牌名称好记吗？用不同的语言可以顺利发音吗？
- 与你所瞄准的市场定位是否相符？
- 品牌色彩的选择是倾向男性化还是女性化？与目标客户是否契合？
- 品牌名称有什么寓意？是幽默的、奢侈的还是以人名命名（如你的名字）？
- 是否能在相关互联网URL上访问购买，包括.com，.net，co.uk，.co？
- 该名称是否已被注册过？

品牌和设计师雇佣公关机构向记者和编辑们推广他们的品牌，以确保品牌信息可以在媒体上得以持续报道。公关机构会将设计师推荐给博主、造型师以及他们的媒体评论人与名人客户。如果一位关注度颇高的明星佩戴着一件首饰现身电视节目或红毯，那么，公关代表们一定会为这件首饰的设计师或品牌进行免费宣传。因为无论正式或非正式，已经有名人为他们的作品进行了代言。这种类型的推广对那些无法承担广告费用的年轻设计师们来说是相当宝贵的。这样的名人照片被时尚媒体所采用，对于一位设计师而言，意义重大的职业生涯就此开启。

14

15

公关机构所扮演的角色是媒体见面、筹备和传播品牌的新闻。他们会采取不同的媒体形式，对这一年内的新品发布、媒体展示和媒体预约进行协调——媒体也会得到他们想要的产品故事和样品。个性化品牌，会基于当下现状雇佣公关顾问，而非按月支付聘用费。许多公关顾问也会作为销售代理机构，向相关零售商推介设计师。

14.“点燃”品牌的网站特色，就是该品牌的首饰被杂志频频报道的图片。
15. 威廉·切希尔设计的一款首饰得以推广宣传的图片，展示出该品牌的犀利和尖锐的时尚风格。

给新晋设计师的小贴士

有许多年轻的设计师在没有公关代表的帮助下推广自身的产品。在这种情况下，博客和社交媒体就成为弥足珍贵的资源，设计师们应当尽可能多地确保自己在诸如Twitter、Fashiolista和Facebook这样的社交网站平台露面。尽管许多杂志编辑持开放的态度可以直接联系，但是年轻的设计师们也仍然要坚持不懈，同时，博主也成为了一个很好的选择，因为他们热衷于发现新的人才。

博主延伸成为“新的公关”。

博主演变为新公关的原因：

- 信任——消费者相信这些知名博主做出的宣传，并且很可能去购买他们推荐的产品。
- 成本效益——和传统意义上的付费广告模式相比，你现在只需要花费你的时间和精力，就可以吸引更多博主关注你的品牌。
- 显著的投资收益（ROI，Return on Investment）——你可以很快看到博主的推荐对产品销售量的影响。
- 病毒传播式的潜力——知名博主的建议通常会通过社交网站和时尚论坛传达给更多的读者，将会对你的设计作品带来更多的曝光率。

当设计师将首饰出借给杂志社时，应当确保自己向杂志社发放了借贷申请表，其中详细标明首饰的件数、批发总价，并且在交货时要求杂志社签字。这对于高价位的单品在活动或拍摄中丢失的现象来说，显得尤为重要。一些杂志社委托公关机构将信用卡作为担保，但是设计师应当确保其担保金与自己的贵重首饰等值。

社交媒体

对于任何品牌来说，想要建立起品牌的拥戴者，社交媒体都是一种强有力的工具，而且现在，大公司在营销媒介方面的投资巨大。社交媒体就像是你店铺对面的咖啡厅一样的存在。

然而，拥有一个Facebook或者Twitter账号，任其自生自灭并不是成功的标志。这些社交软件持续地与大众接触，对于社交媒体在业务中扮演何种角色起到了决定性作用。任何人都可以通过社交媒体创建有趣的、可以分享的、最重要的是轻松快乐的内容，但是这些内容必须关乎于时代与承诺。

如何吸引线上拥戴者

1. 品牌应该考虑运用Facebook与消费者进行接洽：提问、问卷调查和举办比赛。

2. 分享“幕后花絮”。相较于以往传统的营销手段，这一点并不那么正式，但却是一个向人们展示品牌背后故事的好机会。

3. 向你的客户、粉丝或追随者们获取反馈。

4. 直播并报道一个活动。

5. 向大家分享一些激励人心的内容和专业小建议。

6. 从档案中分享一些史料。

7. 举办线上活动。

8. 不要忘记媒体的力量——运用你的新闻报道。

9. “十大最佳商品目录”在消费者中永远流行。

网站

在电子商务未获得成功之前，很多人会认为消费者是不会在线购买奢侈品的。现在，我们知道事实并非如此。奢侈品的财富积累与产品线广度已经趋于饱和，与之相较，在线购物是最实用的方式。所以，品牌无论大小，都需要拥有在线展示的服务。

从重新定义奢侈品首饰和时尚首饰购物体验的角度来看，互联网是一个非常具有价值的途径。因为它为直接面向消费者提供了一种契机，同时还会建立起品牌忠诚度。在时尚界，在线零售业的革命对于在线T台展示来说也带来了不小的冲击；传统的现场走秀被虚拟的时装表演、iPad的订阅杂志和脸书（Facebook）的直播所取代。移动设备上的资讯投放拓展了现实的应用，3D电影制作技术也得到了进一步发展，同时，品牌正在加大对于高科技领域的投资力度。

毕业生们期望建立一个属于他们自己的独立实践，其目的是在他们的毕业设计展示期间建立起一个展示页面：这将包含一个简单的登录界面和详细的联络方式，如果资金允许，还可以包括一个产品的作品集、博客以及专业证书等，这些内容还可以随时扩充。时至今日，在线展示是至关重要的，它提供了一个直接捕获消费者的机会，而且随后可以通过简单的营销策略将他们留住，例如特价优惠、比赛、更新博客及通讯交流。

16. 亚历山大·麦昆选择在线展示的方式来发布他的2010秋冬系列T台展示。对于新技术和社交媒体的运用，则意味着消费者和品牌现在都被“随时、随地”的观念引领着。

设计平台

有许多设计平台和设计师协会网站向独立设计师和年轻的新晋设计师提供成为会员的机会，创造一个平台将他们推荐给更多具有国际化视野的关注者。

<www.acj.org.uk>

当代首饰协会的网站致力于为当代首饰的发声、目标受众与理解提供支持和发展。

<www.klimt02.net>

klimt02展示新闻以及当代首饰界广泛的国际性人才。

<www.artjewelryforum.org>

The Art Jewelry Forum（AJF）为当代首饰的理解提供支持。

<www.photostore.org.uk>

该手工艺协会的可视化数据库拥有60000多张图片，来自于英国手工艺协会的藏品、《手工艺》杂志、展览会和博览会等，此外，这个数据库还包含由手工艺协会委员精选出来的、大约1000名当代具有创新精神的制作者。

<www.whoswhoingoldandsilver.com>

“英国工匠”公司（UK Goldsmith's Company）的官网会向公众开放，使他们可以直接访问英国顶级的首饰设计师的工作间，向他们展示独具特色的首饰和银器。

<www.craftcouncil.org>

美国手工艺协会是一个非营利组织，致力于促进首饰工匠和贸易展会的交流。

电子零售业

居家购物（通过商品目录、电视、电话或网络进行）始于20世纪50年代，消费者通过商品目录进行购买。而如今，线上零售则成为首饰市场中增速最快的平台之一。在线购物为消费者提供了大量的产品，涵盖了所有的品牌和价格区间。

Net-a-Porter网站销售的单品都来自于国际品牌和新晋设计师，针对较高层次的市场。高档百货专柜（Astley Clarke，2006年在英国成立的线上珠宝商）尤其致力于为找寻上好品质首饰的顾客服务，而博提卡（Bottica）则迎合了时尚首饰市场的需要。

年轻的设计师们得益于名为“市集”（Marketplace）的新网站。这些线上商店出售不计其数的设计师作品，将这个一度支离破碎的市场的巨大潜力激发了出来。他们向消费者提供了一个一站式的目的地，并且让新晋设计师和产品在普通销售模式、工业化量产与非个人化的销售模式之间提供了新的选择，在当下复杂多样的时代，这样的选择具有与日俱增的魅力。初出茅庐的设计师从一开始就可以通过这种方式接触到全球的消费者，而且不需要斥巨资囤积过多的存货。

买手

成名品牌都具有其自有的销售途径，可以通过独立门店、机场特许店或百货商店，以及临时店铺和线上商店的方式来运营。小品牌和独立设计师可以通过贸易展示活动进行独立销售，例如巴黎时尚配饰展、纽约国际礼品展和伦敦时装周等。这样的活动对于设计师来说非常有帮助，为设计师提供了一个很好的机会，可以从全球各地的百货公司、精品店和顾主的买手们那里获得作品的即时反馈。

17. **“博提卡”是一个销售独特首饰和时尚配饰的网上线上市集，这些商品都来自于世界各地的新晋设计师。**

18. **EG工作室是一个销售首饰的网站，他们的经营范围包括设计师定制、婚礼首饰及配饰。**

17

boticca.com
i'd rather wear a unique story

MY BOTICCA | INBOX | GIFT CERTIFICATES | LOG OUT
Your bag (1) £62 | Change currency

New All Jewelry Bags Accessories Style ideas Gifts Designers Blog I'm looking for...

"San Francisco Chronicle features Nikki Baker at this..." Nikki Baker

It's all about
tradition

WE SCOUR THE WORLD FOR TOP EMERGING
ACCESSORIES DESIGNERS
THEIR STORIES & EXQUISITE PIECES

WITH LOVE
ON
VALENTINE'S

18

THE PLACE TO COME...EG:
DESIGNER JEWELLERY & ACCESSORIES SELECTED BY
RENOWNED CREATIVE DIRECTOR ELIZABETH GALTON

EG
STUDIO

+44 (0)845 055 7250
MY ACCOUNT MY BAG CHECKOUT WISHLIST

NEW IN JEWELLERY ACCESSORIES WOMAN MAN DESIGNERS GIFT BRIDAL BESPOKE BLOG PRESS

Dragon Coral & Gold Necklace
By FS Augusta

ADVANCED GIFT SEARCH
-- Designer --
-- Price Range --
-- Product Type --
SEARCH NOW »

Retail Jeweller
UK Jewellery Awards 2012
FINALIST

ELIZABETH GALTON HERSELF
Learn more about Elizabeth Galton; the woman included in the 'Professional Jeweller Hot 100' 2011' and the face behind EG Studio.
Connect with EG

THE LATEST NEWS DIRECT FROM EG STUDIO
Signup for our eNewsletter

ELIZABETH LOVES...
Elizabeth's pick of the bunch.

COLOUR CODE
The Boldest Accessories.

READ ALL ABOUT IT?
See where EG Studio has been in the press.

Jewellery at Elizabeth Galton Studio | Fine Jewellery | Fashion Jewellery | Bridal Jewellery | Jewellery Designers at Elizabeth Galton Studio

公关顾问与写手

朱丽叶·罗（Juliet Rowe）终身酷爱首饰，她在一些高端艺术首饰品牌担任公关顾问一职。

19

19. 耳钉“钻石牢笼”（Diamond Cage）18K镀金和镶钻制成，由设计师莱斯利·李（Lestie Lee）设计而成。

20. 手工丝巾“塞西莉亚”（Cecilia）印有俄罗斯套娃的图案，由理性时代（Age of Reason）为情趣内衣品牌海椰子（Coco de Mer）设计。

朱丽叶·罗在一个代理机构开启了她的公关事业，而现在，她则是一名独立的顾问。她说：“我具有身兼数职的能力，致力于管理工作和撰写报告、发布新闻、赋予产品特色以及组织活动、参加贸易展会、组织拍摄与提供解决方案。”

当你从这个颇具竞争的——非常小且奢华的世界开始出发，你需要花些时间才能引起公众的关注并赢得尊重。最为宝贵的经验是了解零售业的压力、店铺的经营模式以及如何应对终端客户。

公关行业可以说是一个充满挫折且变化无常的行业。一名设计师很有可能今天还在，第二天就出局。市场已经饱和并且竞争激烈。不论品牌大小，公关人员能够联系的也都是相同的为数不多的记者。

当遇到困难时期时，包括经济停滞时期，起到广告宣传作用的正是公关人员。如果客户喜欢某一系列的产品，而公关人员的观点与之相悖时，就会明白这样很难写出好的报道，并且会因此感到很有压力。

朱丽叶建议，不是所有的东西都“美妙绝伦”！这里不仅仅有香槟和聚会，你必须了解这个行业，从工作室的操作台到店铺的橱窗。许多管理人员都会参与发布会的举办及诸多的幕后活动。但是，最糟糕的是，举办新闻发布会的时候，媒体却没能身临现场。

尽管你亲自把设计作品送去拍照，但你的作品却未能被选中；或者当你冲向报刊亭购买一本会推荐你作品的杂志时，到头来却发现上面什么也没有提到。遇到这样的情况时，你大可不必介怀，杂志编辑具有最终发言权，在许多情况下，图片不得不在最后一刻进行删减。

20

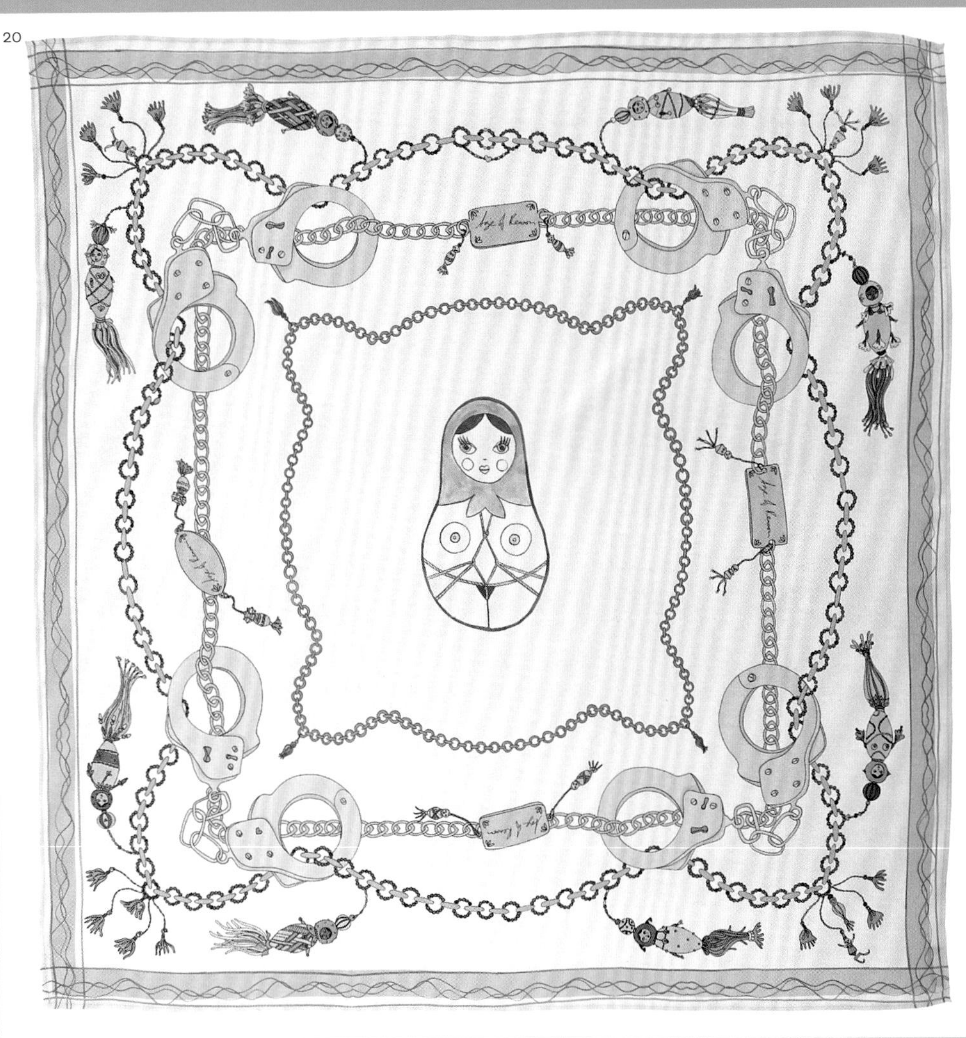

要创作一个产品型录，你需要从整体上对你想要的风貌样式进行调研。从报章杂志中收集各式各样的新闻简报将会是一个不错的出发点。例如时尚杂志*Vogue*、*Pop*和*Vogue Italia*——这些杂志都以顶级的摄影师、资深的化妆艺术家和一流的造型师，以及顶级首饰品牌的广告大片为特色。

每一个广告大片或者报道中所展示的图片都是经过精心打造、造型设计、灯光调试和特别的手法拍摄的，并且表现出一种具有动态效果的形象。展示重点是如何把观者的目光直接吸引到首饰上，以及通过背景色衬托出每件单品中金属和宝石的色彩、体量和比例。图片中所使用的模特与服装可以奇特，或古典或前卫，这取决于系列设计的主题和品牌故事。

- 学习品牌及店铺销售人员如何展示他们的配饰和首饰。这样做有助于你更好地理解一个品牌的诞生，把关注的焦点放在构图、比例、配色和静态装置上。通过对如何拍摄具有风格感的图片进行相关调研，将会帮助你做好全面准备去创作属于自己的品牌故事和品牌形象。
- 浏览带有流行时尚资讯的博客和杂志以寻找灵感来源，挑选那些吸引你眼球的排版和字体等设计元素，并以此为基础，运用这些元素去设计你自己的产品型录。
- 从你所崇尚的首饰品牌那里采集商品目录，并向他们学习如何以最大限度的视觉冲击力来展示产品，同时关注他们的品牌化运作。
- 当你印刷自己的产品型录时，不妨试着考虑将你的价格明细单独打印在另一张单子上，可以将它插在文件的背后——通过这种方式，就算价格变化也可以随时更新，而不用再重新打印整个产品型录。
- 如果你要拓展海外买手业务，可以将你的批发价和建议零售价两个价格都列出来，以确保你的价格明细是按照相关货币价格列出的。

21. 史密斯/格瑞将他们的肖像——布吉特·玛丽·施密特（Birgit Marie Schmidt，即SMITH）和索福斯·格瑞（Sofus Graae，即GREY）——印在他们自己的产品型录中。
22. 史密斯/格瑞秀出他们的制作工具，作为一部分宣传材料。这些照片反映了他们独特的品牌故事，甚至设计过程也被完美地推广了出去。

21
SMITH/GREY
/
SMITH/GREY

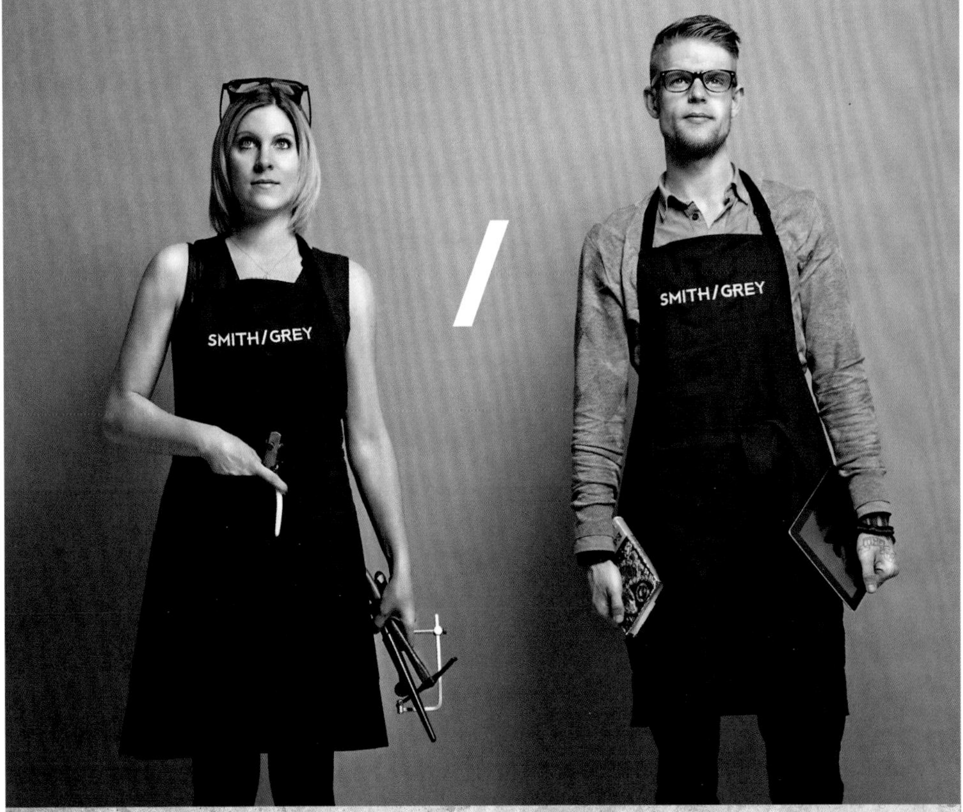

22
WAX FILES
RUBBER MOULD
CARVING WAX
TWEEZERS
CARVING NEEDLE
WAX HEAT PEN
WAX MODELS
WAX SAW BLADES
WAX CARVING TOOLS
FILES
RULER
Helix
SPIRIT LAMP

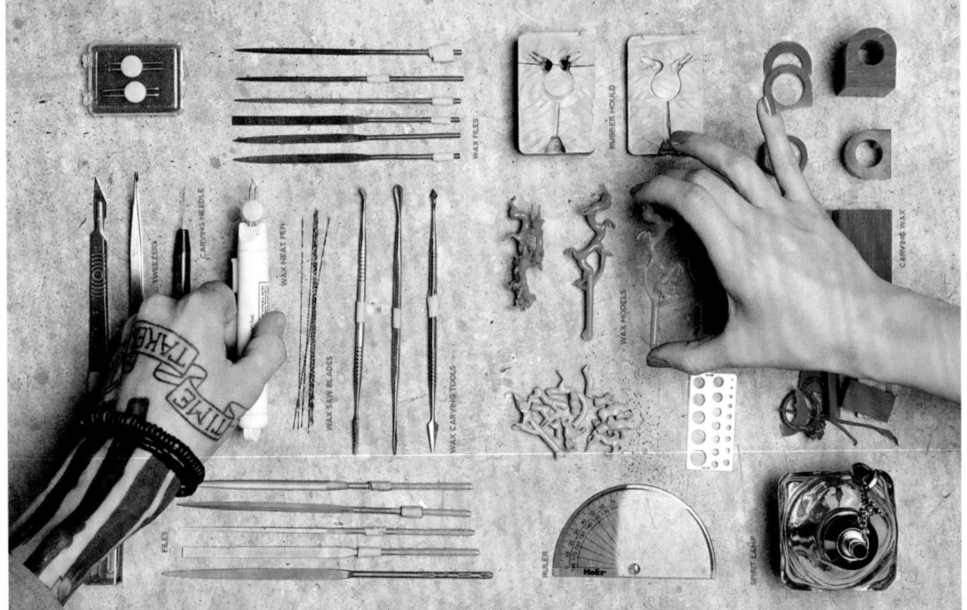

“愈斑斓愈‘危险’的幻境之花”（Opiom Velourosa Purpra）项链，由喷漆银、白金、红宝石、钻石和流纹岩制成，由维克多·卡斯特兰设计。［译者注：流纹岩（Rhyolite）一种相当于花岗岩（Granite）的火山喷出岩。］

首饰行业是一个竞争非常激烈的行业，卓越非凡并且极具代表性的设计师们往往是那些创造出超越潮流、超越主题和极具影响力作品的设计师，他们的产品在创新性与商业化方面都能取得很好的平衡。

在本章中，我们将会重点关注设计师职业的诸多不同方面，尤其是在设计合作和设计咨询方面。

在这一行业中，设计师所能从事的职业可以涉及各种不同的方面，不论他们是为某个品牌工作，还是运作自己的公司。进入首饰设计行业，正式培训并非先决条件，除非你有意向为成名的商业化品牌工作，因为，对于这些品牌来说，正式培训是非常重要的。

对于先前在首饰行业没有任何经验的人来说，研修首饰设计、CAD、首饰制造与宝石学等课程将是一个很好的入门方式。在你决定是否攻读全日制大学学士学位之前，可以先了解一下这些课程。在取得学士学位之后，有些人还会继续学习硕士课程，如首饰设计硕士学位，有些研究生毕业后（北美毕业生）还可以攻读哲学博士学位。

与过去相比，学徒制在现今社会已经不太常见了，学徒需要花费很长一段时间跟着师傅学习手艺；在很大程度上，学徒已经被大学所提供的工作实习、在品牌或知名独立设计师及制造商处的实习所取代。在英国比较有影响力的培训与计划课程有金史密斯中心（Goldsmiths' Centre），它是由金史密斯公司（Goldsmiths' Company）建立的，位置靠近于哈顿公园，是英国传统的贸易之家。该中心为年轻的金匠提供本科生教育、商务技巧传授与支持，并为准学徒银匠传授技艺。它还拥有一个商业孵化基地。

如今，很多刚刚出道的首饰设计师都会从其他行业进入首饰行业，如银行业、营销业或模特行业。但大多数业内专家及舆论影响者都认为，没有什么可以替代正规的培训。

1.“龙葵”（Nightshade）项链是由詹斯·麦金农（Jess Mackinnon）设计的。最初她自学首饰设计，后来在英国两所最知名的首饰学校接受了贵金属及首饰设计方面的教育。

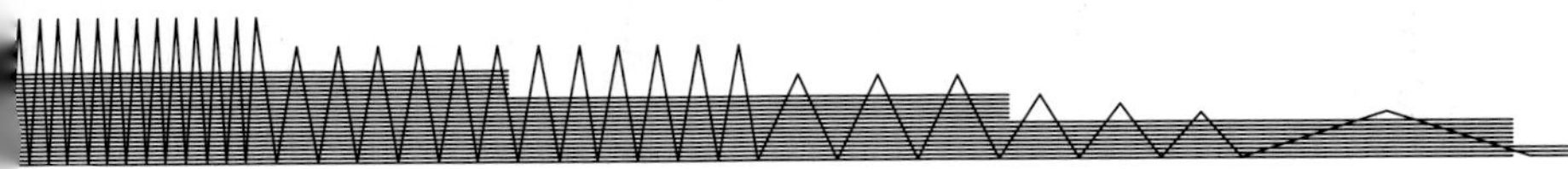

实习与人际关系

进入首饰行业的途径之一就是实习。这是一种非常棒的方式，通过这种方式可以使你对商业环境中的工作有所了解。学生们可以从实践中获得小窍门、向资深的设计师学习，并理解设计周期是如何实现的。你会遇到对你职业生涯有帮助的人，他们会把你介绍给能够为你提供其他宝贵机会的业内专家。

第一步就是找到一家愿意提供工作实习的公司，因为在毕业生之间，甚至对于那些先前有着工作经验的人来说，竞争都是非常激烈的，因此毕业生需要坚持不懈的努力。工作实习往往是没有薪水的，或者只会报销差旅费用。一旦开始，你便自然对工作抱有极大的热情。很多导师及那些经验丰富的人会告诉你，对于首饰设计师来说，前五年是最难熬的，但是如果你坚持下去，你就会发现这是一个极具创造力且紧密联系的行业。

许多知名品牌将设立设计大赛或者奖项作为大学课程的一部分。这些机会对于学生简历的推介将会起到至关重要的作用，同时还会为他们提供一个与品牌直接接触的机会。如果学生足够幸运能够获得设计大奖，那么他们就会有更大把握申请到实习工作。设计大赛的获奖者一般都会得到奖金、产品打样的奖励，甚至在某些情况下还可以得到设计费。他们还有机会看到他们的设计投入生产，并在品牌店中销售。

处理人际关系的技能，也是运气与毅力的重要因素之一，它将会影响到你所期望的成功指数。你有可能在展会、时装秀、派对及讲座中遇到想法相同的人。在学习设计的过程中，在某个品牌的首饰店做兼职也是开启职业生涯的另一种途径。它可以为你提供与终端消费者直接接触的机会，同时也会有助于你了解销售达成过程中所需克服的障碍。如果有可能，请尽量多地倾听资深人士的意见，因为雇主们都会对你的才华与沟通能力做出评价。

当然，你还可以利用人脉关系和社交媒体与个人或者集团取得联系。LinkedIn and Luxury Society就是一个非常好的专业网络，类似于Tumblr、Stylehive、Kaboodle、Polyvore、Facebook、Google Circles及Twitter这类社交媒体平台，对于自我推销来说，都是非常不错的选择。参加贸易展会和社交网络的建立也是非常重要的，因为，打电话和未经同意就发送简历，都不太容易引起潜在雇主或买手的积极反应。然而，主动联系设计师，看看他们是否能够提供实习机会还是值得一试的。

2.“戴手铐的熊”（Handcuffed Bear）项链，以18K镀金纯银，收录在摩莫克力图拉品牌（Momocreatura）的“爱你至死”（Nearly Dead）系列中。设计师田村百子（Momoko Tamura）创作的饰品更像3D图案或可穿着雕塑。她受到日本传统与欧洲文化的影响，表达了古代与现代的冲突，以及对幻想与现实界限的探索。
（译者注：暗黑系小动物饰品，这些有点可爱又有点暗黑系的小动物饰品是来自英国一个叫摩莫克力图拉的饰品品牌，设计师是日本的田村百子。）

2

“当代设计师”一词表示的是一群年轻的、尚未国际化的独立设计师，他们的作品一般通过伦敦的布朗（Browns）和丹佛街集市（Dover Street Market）、东京的无爱主义（Loveless）、巴黎的柯莱特（Colette）、纽约的杰弗里（Jeffrey）以及米兰的科尔索·科莫（Corso Como）等店铺进行销售。许多设计师不仅和国际品牌或时尚设计师合作，还会从事自己的创意实践。

许多鲜为人知的首饰设计师的作品受到媒体的青睐，完全是因为其不同寻常的创意，而这一点正是他们与那些深得媒体关注的知名品牌相抗衡的“解药”。独立设计师希望通过付费方式雇佣公关公司，通过他们来确保自己获得媒体的报道。

生活方式

作为一名新晋的独立设计师，可能会非常辛苦，经济收入也不太稳定；没有固定的收入，没有假日也没有带薪病假；在存货上投资是非常困难的，除非你有固定的投资者或支持人。你需要做的不仅仅是设计，还涉及财务、销售与市场等方面；有时候你还会觉得非常孤独。作为一名新晋的独立设计师也有好的方面，你可以独立工作，自由创作，还可以随心所欲地从事适合自己性情的各种项目。

一名极其出色的独立设计师也常常是一个团队中的成员，会与合作伙伴很好地合作，在专业知识方面取长补短，例如强大的金融业务或者市场敏锐度。你身边的良师益友也是一种难得的宝贵支持。

计划及奖项

很多奖项及赞助计划都是为了帮助年轻的设计师，使他们有机会在专业领域内立足，这其中就包括资金赞助、指导帮助、展览资助和工作职位。

新生代（NEWGEN）

英国时尚委员会（The British Fashion Council）成立了新生代组织以发现、促进并指导那些有天赋的新晋设计师。该计划得到了英国知名快时尚品牌托普·少普的支持，并为设计师提供赞助或展览空间以展示他们的作品。

沃波尔工艺计划（Walpole's Crafted Programme）

“商业与艺术”以及沃波尔（Walpole）联合成立了沃波尔工艺计划，这是一个非营利性的组织，是为了进一步推动英国奢侈品行业的利益。它每年都为年轻的、以手工艺为特色的企业家们提供指导及业务建议。

英国工艺委员会大奖（British Crafts Council Awards）

英国工艺委员会设有很多奖项，其中包括针对毕业生举办的一年一度的展览，以及针对具有创造力的毕业生和初创企业的为期五天的创新训练营。

启动项目（KickStart Programme）

这个启动项目给年轻设计师提供在伦敦国际首饰展这类商业平台展示的机会。

王子信托（The Prince's Trust）

王子信托企业计划及开发大奖支持的是年龄在13~30岁之间的年轻人。

金史密斯手工艺及设计协会（Goldsmiths' Craft & Design Council）

在英国，金史密斯手工艺及设计协会大奖的初衷是要推动银器制造和首饰贸易的发展。

新晋设计师大赏

商业设计中心以开设新晋设计师大赏来支持才华横溢的新人及创意者，该行业的大奖对获奖者的职业生涯将会带来直接的影响。

国际人才支持（ITS，International Talent Support）

ITS组织是时尚学院与时尚行业之间的桥梁。它主要面向全球首饰专业的学生及年轻首饰设计师举行大赛。

美国首饰设计委员会新人才大赛（American Jewellery Design Council New Talent Competition）

美国首饰设计委员会（AJDC）会举行一年一度的比赛，以此挖掘首饰行业中优秀的新晋人才。

案例研究：

品牌设计师

许多刚出道的设计师都会选择进入收入稳定的知名品牌工作，在这些品牌工作时，将会有机会向经验丰富的团队学习商业设计、走访供应商和工厂。根据设计风格和经验，设计师通常会将其整个职业生涯投入到特定的市场中，如纯艺术、时尚或商业首饰；然而，对于一位设计师而言，从时尚领域转向艺术首饰界也并非是闻所未闻的。

3

另一方面，设计师要在个人创意理念与品牌需求及品牌文化之间做出很好的平衡，想明白最终哪一个才是最重要的。

品牌设计师的职业生涯会经历初级设计师、资深设计师和设计主管的变化。最有才华的设计师会晋升到创意总监的职位。品牌设计师有机会直接或间接地接触品牌的方方面面，并且看到自己的产品在世界各地销售。

3.“青蛙”（Frog）戒指，来自高端艺术首饰品牌布迪斯（Boodles）。

4.“火烈鸟”（Flamingo）戒指，来自布迪斯品牌设计师盖·罗伯特森（Guy Robertson）。

盖·罗伯特森（Guy Robertson）

盖·罗伯特森于2007年毕业于英国伦敦圣马丁学院。他赢得了伦敦国际首饰（IJL，International Jewellery London）的闪亮之星（Bright Young Gems）大奖，并以自由设计师的身份设计完成产品系列已经有6个月的时间了。

在此之后，他作为一名初级设计师为品牌伦敦链接工作。在圣马丁学院上学的时候，他的设计作品就被伦敦链接大赛选上，后来他的作品还得以投产并销售。

2009年，他以一名品牌设计师的身份，加入了布迪斯。他说："当你为某个品牌工作的时候，你必须要尊重品牌的风格，并让自己沉浸其中，而且要爱上它的风格。我想在找工作的时候，努力找到一个既适合自己，同时也能适合它们的品牌，这一点是非常重要的。"

当受雇于某家公司时，你就会发现，制作一件产品除了设计以外，还会牵涉到很多事情，你需要与公关（PR）、营销、生产及车间协调。研究销售数据，看看产品系列的销售情况如何，之后学会如何将所观察到的这些信息应用到你的设计当中，这些都是非常重要的事情。

罗伯特森是在做了很多研究之后才开始设计的。每天与布迪斯众多高品质且罕见的宝石打交道是一件激动人心的事情，如果还能遇到非常独特的宝石，那将会更有益于开展设计了。

在设计客户指定项目时，罗伯特森需要知道客户的预算，客户是否钟爱于某个特定主题、动物或者灵感来源，甚至客户是否比较偏爱某种特殊的宝石。通过与客户对话，他可以感受到客户的生活方式，接着通过适当的艺术形式将其表达出来。

罗伯特森的目的是为了设计出既现代又永恒的作品，这些作品可以被代代相传。

4

有许多设计师以专属顾问的身份任职于国际知名品牌公司，品牌会一次性地支付他们一笔固定的费用或定金。通常这种工作被称为“白色标签”工作，因为设计师都是匿名工作的。创意总监给设计师下达任务，并且有可能要求他们在一个限定的小线路或工艺项目里提供专业的专家意见。

设计师的角色变得越来越复杂。一些首饰设计师会与时尚设计师保持很密切的联系，他们每一季都会为时尚设计师进行设计，在设计行业中发挥重要作用并极具影响力。通常一名设计师能够充当顾问，就足以证明其具有丰富的行业经验和专业知识。

5. 阿特利尔·施华洛世奇（该系列是施华洛世奇打造的顶级设计师时尚奢华配饰系列）的白色欧泊项链——由曼尼克·莫西亚（Manik Mercian）设计。

6. 皮革罂粟花胸针——由克里什娜（Kleshna）为英国皇家军团（Royal British Legion）设计。

设计师合作

许多时装店铺也会销售特别具有创意的首饰，并以此作为他们品牌的一部分。设计师设计出产品来，而作为交换，零售商将会主要负责安排生产、货源、原材料与视觉营销。这样的安排对于双方来说是互利互惠的，因为设计师能从主要的经销商处获利；同时，零售商则因为与富有创新精神的新晋或知名设计师合作而获利。

像维多利亚的秘密（Victoria's Secret）、Topshop和H&M这样专注大众时尚的零售商，已经认识到邀请特邀嘉宾或知名设计师，可以使品牌变得更有价值和更具威望。品牌通常会聘请名人或知名设计师打造“一次性”的系列合作作品。

合作系列通常只是一个精简线路，或者是过季单品的廉价版呈现，这样可以使更广泛的消费者买到设计师“概念版”的作品。

施华洛世奇推出的阿特利尔·施华洛世奇（Atelier Swarovski）系列便开始率先尝试这一策略。阿特利尔·施华洛世奇是奢侈水晶饰品系列，该系列展示的是最前沿的饰品，对来自于时尚、首饰、建筑、灯光、舞台和银幕等各个领域的创意设计予以赞颂。

5

企业项目

许多大型知名品牌为企业客户（如银行、航空公司以及美妆公司）设计并供应产品线或者个性化产品。设计的产品要体现企业形象、企业价值和企业身份。在预算条件紧张的情况下，设计师通常会对现有的产品进行修改，而非设计全新的产品。企业的标志和色彩也会融入设计之中。

许多美妆品牌有“即买即赠”或“员工优惠”这类政策，另外如奥运会这种体育比赛需要特殊设计的奖牌、奖杯。制作此类的企业产品对于首饰公司和银制品公司而言收益颇高。

设计师也会和慈善机构合作，以打造独特产品，这样既是双赢，又可以提高对慈善机构对其的关注度。

6

埃里克森·比蒙（Erickson Beamon）

7. 卡伦·埃里克森（Karen Erickson）和维基·比蒙（Vicki Beamon）

8. 老式镀金手镯，由施华洛世奇水晶制造，收录在卡伦·埃里克森的“基拉戈”（Key Largo）系列中（2012春夏）。

埃里克森·比蒙是国际上非常受欢迎的时尚首饰品牌，由维基·比蒙和卡伦·埃里克森于20世纪80年代创立。埃里克森·比蒙的客户包括美国原第一夫人米歇尔·奥巴马（Michelle Obama）、英国前首相夫人萨曼莎·卡梅伦（Samantha Cameron）以及流行偶像嘎嘎小姐、碧昂丝（Beyonce）和麦当娜。

你们的品牌是如何起步的？

KE：埃里克森·比蒙当时一无所有。我和朋友在设计服装。没人愿意借首饰给我们展示，所以我们决定自己做。维基来帮助我们，于是埃里克森·比蒙就诞生了。

VB：我们起步时，身边的首饰设计师很少，所以我们决定自己制造。我们利用自己的热情和技艺开始串水晶并且把珠子缝到绒面布料上。

你们的风格有什么不同之处？

KE：维基和我是充满活力的一对搭档。我们一起搭档很久了，合作起来毫不费力。我们交换想法和意见就像呼吸一样容易。对于我们而言，设计是第二天性。

VB：一起工作了这么多年，我们很融洽。每个季节我们都会发现特定的氛围和趋势，并融入我们的作品。

你们的品牌精髓是什么？

KE：始终做到惊艳，尽量享受，热爱生活，以正直诚恳的态度做设计。

VB：时尚与埃里克森·比蒙的审美并行。长久以来，我们和设计师保持合作。埃里克森·比蒙的作品既引领潮流，又具有概念性。

9

9. 珊瑚与玫瑰金项链，由手工染色的宝石和施华洛世奇水晶制造，收录在埃里克森·比蒙的“坠入爱河”（In the Mood for Love）系列（2012春夏）。

10

10. 水晶皮革面罩，收录在埃里克森·比蒙的“午夜守门人”（Night Porter）系列（2012春夏）。

你认为，什么样的设计可以被称为是上等设计？

KE：美丽、优雅和品质。

VB：产品高超的工艺、使用寿命以及佩戴的舒适度都是极其重要的。每位设计师对某一风格或特定时代都有不同的诠释。创意构思永不枯竭，这就是首饰的荣耀之处。总会出现新的设计理念和方式去挑战以往的设计。

谈谈埃里克森·比蒙的团队。

KE：我的团队可以说是一个大家庭。在生产中，我们几代人一起工作（妈妈、女儿和祖母）。新成员和我们一起工作还不足10年。

VB：能拥有这么长久而又专注的团队实属难得。由于我们共事许久，所以我确定我的想法都能为他们所接受和理解。每天来到工作室，满怀创意的工作令我感到很快乐，同时也很感激。这样看来，我真的很幸运，这种能做自己喜欢的事情的感觉很棒。

对于努力想要成名的年轻设计师，你们有什么建议？

KE：不要放弃。做好辛苦努力的准备，不要期望任何事情。

VB：人际关系很重要。你必须想办法与杂志社的人打交道，给你尊重的人或你觉得不错的人打电话，告诉他们你想与他们共事。尽管社交网站就在那儿，但是面对面的交流是更关键的步骤。

娜佳·施华洛世奇（Nadja Swarovski）

11. 娜佳·施华洛世奇

12. 阿特利尔·施华洛世奇银制护腕——玛丽·卡特兰佐设计。

娜佳·施华洛世奇是世界著名水晶品牌执行董事会成员，施华洛世奇品牌是其曾祖父丹尼尔·施华洛世奇于1895年创立的。

1970年，娜佳出生于奥地利，并在欧洲和美国接受教育，现在她和丈夫还有三个孩子一起在伦敦生活。

娜佳的职业生涯起始于拉里·高古轩（Larry Gagosian）——世界最具实力和影响力的画廊之一。后来去了埃莉诺·兰伯特（Eleanor Lambert）——纽约传奇的时尚公关公司。在艺术和时尚的核心领域，这一经历为家族生意拓展新的分支线路提供了一个理想的平台。

娜佳于1995年加入施华洛世奇，并开始实施一系列的有远见的倡议，改变了企业形象，使水晶成为创意产业中备受喜爱的部分，并用于设计潮流的最前沿。

在全球各地建立联系，娜佳挑战了时尚、首饰、设计、灯光、舞台和银幕领域的众多成名以及新生代设计师——其中包括亚历山大·麦昆、扎哈·哈迪德、托德·布歇尔（Tord Boontje）、卡尔·拉格斐（Kar Lagerfeld）、罗恩·阿拉德（Ron Arad）、玛丽·卡特兰佐——她以全新和革命性的方式拓展了水晶应用的疆域。

施华洛世奇T台（Runway Rocks）首饰系列

推出施华洛世奇T台首饰系列的动力是什么？

施华洛世奇有两大主要经营部门。一个是消费品部门，其产品在全球零售店出售；另一个是企业对企业方面，向时尚、首饰和灯光行业供应水晶。

13

13. 由玛丽·卡特兰佐设计的阿特利尔·施华洛世奇大型双环戒指。

14

14. 由玛丽·卡特兰佐设计的阿特利尔·施华洛世奇戒指。

很多年来，施华洛世奇在时尚界都扮演着不可或缺的角色，它与夏奈尔、伊夫·圣·洛朗和迪奥等品牌都有着非常久远的创新合作关系。我们的使命就是通过与创新设计师合作，使他们将我们的产品运用于其设计中，以此将我们的品牌重新推向时尚界，如后来的亚历山大·麦昆、菲利普·崔西、扎克·珀森（Zac Posen）等众多其他品牌。邀请设计师与我们一起参与创新设计，对我们的品牌及销售有着极大的影响，因此我们决定在首饰行业也采用同样的方式，施华洛世奇T台系列就这样诞生了。

我们要求新设计师创造出他们自己最极致的秀场首饰，并给予他们充分的创新空间。我们在国际上发起了这一创举，例如纽约、伦敦、北京、上海。令人激动的是我们真切地看到了水晶在秀场及首饰设计领域中有如此多的、不同的运用方式。

我们与首饰历史学家维维安·贝克尔（Vivienne Becker）就施华洛世奇的T台系列进行了紧密合作，她把我们介绍给很多很不错的设计师。

获胜的新人为何对你来说如此重要?

1999年，当我们在纽约开设了一个办公室时，也正是施华洛世奇正式开始的日子。那时，这个行业主要由唐娜·卡兰（Donna Karan）、卡尔文·克莱恩和拉夫·劳伦（Ralph Lauren）等时尚巨头们主宰着。新的设计师并没有展示他们产品的平台，也没有在纽约时装周上展示的机会，更没有任何一个记者会写文章报道年轻时尚设计师。

我们感到非常惭愧，认为应该去支持他们。现在我们所做的很多事情都是围绕着新晋设计师展开的，并在资金方面支持他们，同时帮助他们创建自己的事业。施华洛世奇为新人提供了一个良好的平台，可以帮助年轻设计师推演与发展他们自己的职业生涯。

娜佳·施华洛世奇（Nadja Swarovski）

15

15. 乔纳森·桑德斯（Jonathan Saunders）为阿特利尔·施华洛世奇设计的戒指。

16

16. 曼尼克·莫西亚为阿特利尔·施华洛世奇设计的大型猫眼戒指。

阿特利尔·施华洛世奇

你是如何选择与阿特利尔·施华洛世奇合作的设计师的？

阿特利尔·施华洛世奇是受到了安娜·温图尔（Anna Wintour，美国版*Vogue*杂志的主编）的启发而诞生的，她认为在施华洛世奇店铺内展示的首饰产品与走秀时所使用的产品之间存在一个断层。

对此，我们给予第一批合作的设计师们不仅展示自己系列产品的机会，而且我们还为他们提供渠道机会，可以创作在我们的店铺及其他高端零售店中销售的首饰系列。如普罗恩萨·施罗（Proenza Schouler）、克里斯托弗·凯恩及乔纳森·桑德斯等设计师都为我们创作了真正的时尚首饰产品系列。

除此之外，我们还与各种首饰设计师及建筑师进行了合作，如扎哈·哈迪德等。阿特利尔·施华洛世奇成了来自各领域艺术家们进行首饰表达的平台。

一般来说，施华洛世奇的开发过程为18个月，但是对于阿特利尔·施华洛世奇来说，为了迎合每一季的时尚潮流，其开发周期被缩减到6个月。

每年我们会在巴黎时装周发布两次产品，接着会将产品推向全球。

对于施华洛世奇来说，阿特利尔·施华洛世奇代表的是一种新鲜也更受时尚驱动的系列。我们会向客户介绍即将参与产品设计的设计师，设计师也颇受我们品牌店的欢迎。我们把与我们合作的所有设计师都看作为艺术家，并为他们的创新能力而感到自豪。

17

18

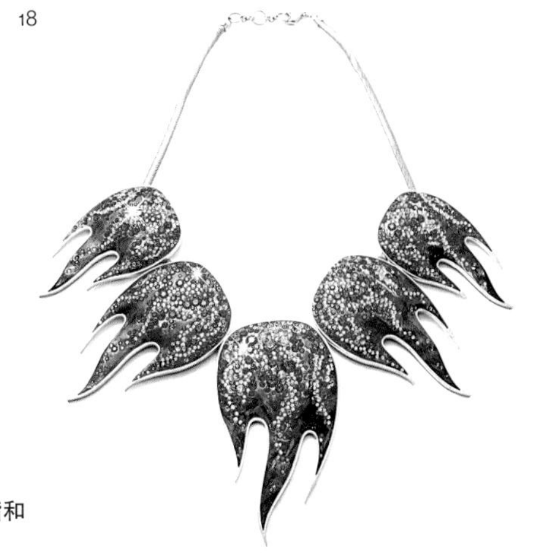

17、18. 阿特利尔·施华洛世奇“火焰”（Flame）戒指和项链——维克多与拉尔夫（Viktor & Rolf）设计。

谁是你的设计英雄?

我真正的灵感缪斯是亚历山大·麦昆。他的风格非常独特，并且他的作品所呈现出的女性气质完美映射出人类演变、女性角色及女性所面临的问题。

亚历山大的创意、历史借鉴及材料运用的能力令人惊叹，他的设计充满了大智慧。萨拉·伯顿（Sarah Burton）接替他的职位，表现非常出色。

你有什么建议给学生和年轻设计师?

相信自己，大胆培养自己的风格，这会使你养成令人钦佩的正直品质。将自己作为个体和艺术家进行推销。在竞争如此激烈的设计界，拥有故事和内涵的设计才会更有优势、更容易脱颖而出。

产品品质是一个需要着重考虑的指标，优质的产品可以帮助设计师提高声誉、增加客户的信心。优质的产品也是可持续发展和耐久使用的。

年轻一代的设计师想要获得成功，必须在创意与商业之间找到平衡，仅仅依靠创意是远远不够的。

你的作品集中的主题设计，应该通过图片、成品实物、效果图、材料研究和活动等来讲故事。这些资料应该被谨慎选用，并确保它们都与最终的完成品相关。你的作品集应该展示出与你所选定的六至八个主题相匹配的素材、调研及拓展材料。作品集中还应该包含一段设计说明，简短地介绍你作为一名设计师所采取的设计方法及灵感。

展示小贴士

你的作品集的展示方式必须要非常完美。确保没有任何空白或凌乱的页面，并检查是否有胶水的痕迹、撕坏的页面、塑封套上有没有污迹。请检查题目、标识及文字部分有无拼写错误。客户与负责招聘的中介都会注意这些细节，因此凡事再三确认是非常有必要的，这些都将会最大可能地为你提供进入最终面试的机会。

你应当练习一下如何展示你的作品集，并为自己列出一张清单以及一系列文案，这样你的思绪才会比较清晰有条理，令自己更加自信。接着你可以用它们来提醒自己，确保没有遗漏任何信息。请记住，当你的作品集被展示观看时，你不一定总能在现场，因此你应该确保作品集的排版及所展示的作品，都做好了明确的标注，且一目了然。

简历

简历不要超过两页，但在简历中应详细列出最近的工作或者实习情况，还应包括教育、培训及获奖方面的详细信息。对于潜在的雇主或者招聘人员来说，你的简历应该简明扼要、清楚易懂。大标题应注明你所从事的工作或者实习职位及日期，在其下面用要点符号列出你取得的主要业绩和所承担的工作。

如果你要直接向某个品牌递交申请，你需要附上一封信——要言简意赅并证明你对该公司的背景及你所申请的职位职责有所了解。其中还应该包括你的联系方式及所期望的薪资待遇。

当你成功取得面试机会，在展示作品时应表现得积极而自信。多做些功课，当你对潜在雇主、他们所面对的消费者、设计风格及产品目录方面有了充分的了解后，你会感到更加自信。

如果有必要，去走访一下他们竞争对手的店铺（巡店），花时间这样做是非常值得的。如果你可以专门针对该公司，创作一个样品设计方案，那么便足以说明你是充满热情、有见地和足智多谋的。

首饰行业是一个充满生机、令人兴奋的行业。通过了解首饰简史和许多关于设计与产品方面的知识，并对一些首饰行业的领军人物和新晋设计师进行介绍，我们将为你呈现启蒙之旅。

显而易见，尽管技术和材料的进步会对首饰行业予以重新定义，但是首饰依旧是我们情感的证明，并以无形的方式传达我们的故事和思想。不断创新、自信地表达思想，并与他人分享你的想象是很重要的。

诚然，本书只能选取部分设计师、品牌以及少数优秀学生的作品，但是他们的作品很好地诠释了当今的设计理念和独特视角，并为你提供了你所期待的令人兴奋的审美趣味，从而使你选择去做进一步的探索。

19.“眼镜猴”（Tarsier）头骨镀银玫瑰金戒指，嵌有一颗粉红色托帕石，由怀奥莱特·达克（Violet Darkling）设计。

词汇表（Glossary）

Anticlastic raising
A technique of metal forming, where sheet metal is formed directly with a hammer on a sinusodial (snake-like) stake. A flat sheet of metal is shaped by compressing its edges and stretching the centre so that the surface develops two curves at right angles to each other.

Bijoutiers
A French term for jewellers who work with inexpensive materials.

Brand DNA
Refers to a brand's visual identity which is composed of colours, emotive phrases, logos and iconic products.

Bricolage
A construction made of whatever materials are at hand; something created from a variety of available things.

CAD
Computer-aided design refers to any piece of software that can be used to design on a computer.

Comp shop
The comparison of competitors' stock in terms of material, price and style, which can be conducted in store or on online.

Costing
The estimated price of producing a product.

Critical path
A document that plots key deadlines in the design and manufacturing process.

Ductility
A metal's ability to be drawn, stretched, or formed without breaking.

Forecasting
The process of predicting forthcoming trends.

Hero product
A distinctive product that is representative of the essence of a collection's style, and one that has the potential to become iconic over time.

Joailliers
A French term for jewellers who work with expensive materials.

Lookbook
Used for press, buyers and customers, a lookbook showcases a collection in a catalogue style format.

Memento mori jewellery
Jewellery designed specifically to commemorate the deceased.

Mokume gane
Mokume gane is a mixed-metal laminate with distinctive layered patterns, first made in seventeenth-century Japan.

Moodboard
The compilation of research materials, images and references grouped together to visually communicate ideas.

Pack shot
A catalogue-style image of a product on a white background used in a lookbook, or supplied to retailers and press.

Pavé
A French term meaning 'paved', it is used to describe setting of precious stones placed so closely together that no metal shows.

Prototype
The first version of a product or a sample of a design created before the final manufacture of a collection.

Range plan
A document detailing the number of products and price points in a collection alongside associated market research.

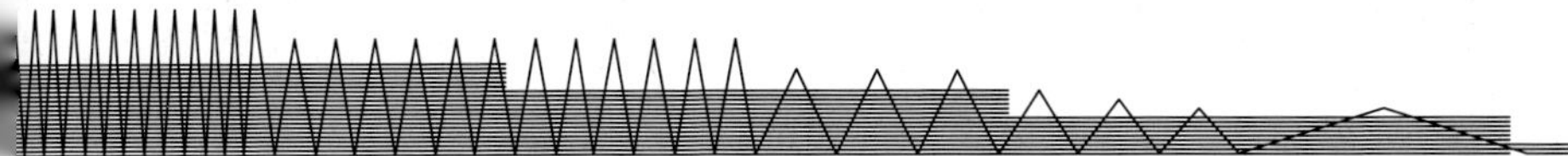

参考文献（Bibliography）

Adams, Maia
Fashion Jewellery Catwalk & Couture
Laurence King Publishing (2010)

Church, Rachel
Rings
V&A Publishing (2009)

De Lomme, Maureen
Mourning Art & Jewellery
A Schiffer Art Book (2004)

Duquette, Tony and Wilson, Hutton
Jewellery
Abrams (2011)

Estrada, Nicolas
New Rings 500 + Designs from around the World
Thames & Hudson (2011)

Hemachandra, Ray and Le Van, Marthe
Master Gold Major Works by Leading Artists
Lark Publishing (2009)

Müller, Florence
Costume Jewellery for Haute Couture
Thames & Hudson (2006)

Peacock, John
20th Century Jewelry
Thames & Hudson (2002)

Peltason, Ruth
Jewelry from Nature
Thames & Hudson (2010)

Phillips, Clare
Jewels & Jewellery
V&A Publishing (2008)

Various authors
The Art of Silver Jewellery
Skira (2006)

Venet, Diane
The Artist as Jeweller
Skira (2011)

Woolton, Carol
Fashion for Jewels 100 years of Styles & Icons
Prestel (2010)

Woolton, Carol
Drawing Jewels for Fashion
Prestel (2011)

Young, Anastasia
The Workbench Guide to Jewelry Techniques
Thames & Hudson (2010)

500 Gemstone Jewels
Lark Books (2010)

Awards and schemes
www.craftanddesigncouncil.org.uk
http://crafteduk.org
www.craftscouncil.org.uk
www.designinnovationawards.co.uk
http://ftape.com
www.jewellerylondon.com
www.klimt02.net/awards/new-traditional-jewellery-2012-design-contest
www.klimt02.net/fairs/schmuck-2012
www.klimt02.net/awards/talente-2012-competition
www.ktponline.org.uk
www.londonfashionweek.co.uk
www.newdesigners.com
www.princes-trust.org.uk
www.ukjewelleryawards.co.uk

Jewellery associations & guilds
Association for Contemporary Jewellery
www.acj.org.uk
British Crafts Council
www.craftscouncil.com
British Jewellers Association
www.bja.org.uk
Cockpit Arts (London, UK)
www.cockpitarts.com
The Goldsmiths Company (London, UK)
www.thegoldsmiths.co.uk
Jewelers of America
www.jewelers.org

Trade shows
BASELWORLD, Basel, Switzerland
Biennale des Antiquaries, Paris, France
Hong Kong Gift Fair, Hong Kong, China
Inhorgenta, Germany
International Jewellery, London, UK
JCK Vegas, Las Vegas, US
ModAmont, Paris, France
New York Gift Fair, US
Première Classe, Paris, France
Sieraad Art Fair, Amsterdam, Holland
Spring Fair, Birmingham, UK
Top Drawer, London, UK
Treasure Exhibition: London Jewellery Week, UK
Vicenza, Italy

Ethical jewellery
The Alliance for Responsible Mining (ARM):
www.communitymining.org
OroVerde: www.greengold-oroverde.org
www.gold.org
www.kimberleyprocess.com
www.worlddiamondcouncil.com

Jewellery blogs and websites
www.adornlondon.com
www.artjewelryforum.org
www.goldinspirations.com
www.jewellerynewsnetwork.com
www.jewelleryoutlook.com
www.klimt02.net
www.photostore.org.uk
www.professionaljewellermagazine.com
www.retailjeweller.com
www.thejeweller.com
www.thejewelleryeditor.com
www.vogue.fr/joaillerie
www.whosewhoingoldandsilver.com

Social media platforms & networks
www.facebook.com
www.fashionlista.com
www.foursquare.com
www.googlecircles.com
www.linkedin.com
www.luxurysociety.com
www.kaboodle.com
www.polyvore.com
www.stumbleupon.com
www.stylehive.com
www.thefancy.com
www.tumblr.com
www.twitter.com

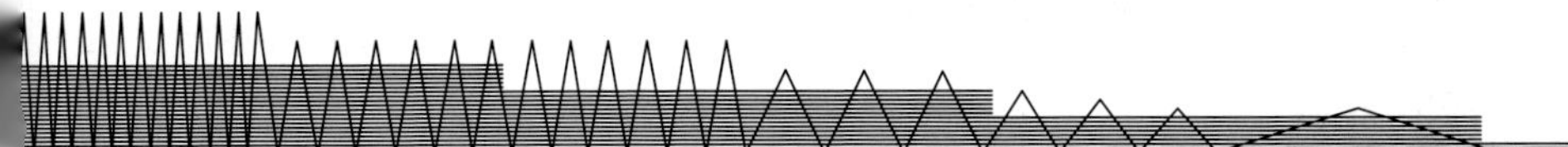

Online retailers
www.astleyclarke.com
www.bottica.com
www.elizabethgaltonstudio.com
www.etsy.com
www.luisaviaroma.com
www.netaporter.com
www.notjustalabel.com

Jewellery boutiques
Alexis Bittar, New York, US
Econe, London, UK
Fragments, New York, US
Johnny Rocket, London, UK
Kabiri, London, UK
Podium, Paris, France

Concept stores
Atelier, New York, US
Baby Buddha, Paris, France
Bacci's, Vancouver, Canada
Browns, London, UK
Colette, Paris, France
Elements, Chicago, US
Ellhaus, New York, US
Esencial, Sao Paulo, Brazil
Forty Five Ten, Dallas, US
Isetan, Japan
Jeffrey, New York, US
KJ's Laundry, London, UK
Louis, Boston, US
Loveless, Japan
Merci, Paris, France
Moss NY, New York, US
OC Concept Store, New York, US
Start, London, UK
Surface to Air, Paris, France
The Wonder Room, Selfridges, London, UK

Acknowledgements

I would like to thank all the contributors, creative practitioners, friends and acquaintances who have so generously and willingly agreed to include examples of their work in this book. Thank you for your kind co-operation and open-handedness.

I would like to extend particular thanks to Jack Meyer at Holts Academy for the information kindly provided on the subject of CAD/CAM and to Juliet Rowe for securing the kind co-operation of the formidable House of Lalique, who were after all one of the original pioneers of the jewellery movement.

In alphabetical order, I would like to especially thank all my interviewees for their professionalism and generous spirit; Lara Bohinc, Karen Erickson and Vicki Beamon, Theo Fennell, Maeve Gillies, Katie Hillier, Anne Kazuro-Guionnet, Shaun Leane, Nathalie Mallet, Kasia Piechocka, Dorothée Pugnet, Guy Robertson, Chris Tague, and Stephen Webster.

Special thanks also to Stephen Bottomley at Edinburgh University for access to his talented roster of students and professional perspective. A personal thank you to Professor Simon Fraser, Professor David Watkins, Andrew Marshall and Jan Springer for their pivotal influence in my own career and without whom I would not have been in the position to write this book.

I would also like to thank all of the young, talented designers who continue to refresh and push the boundaries of this art form and without whom this book would not have been possible.

Additional thanks to Stephen Webster, Shaun Leane, Nadja Swarovski and Theo Fennell who continue to be an inspiration both to me and to the industry as a whole.

Finally a special thank you to my editor Kate Duffy for her tireless help and guidance. It has been a pleasure working on this exciting publication, which I hope will inspire a new generation of design talent.

The publishers would like to thank Stephen Bottomley and Karen Bachmann.

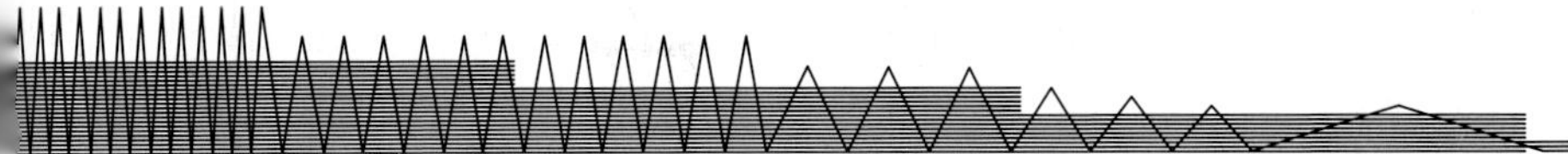

图片诚信声明（Picture Credits）

Cover: Hanover Saffron; p. 002 Courtesy of Gagosian Gallery; p. 006 Børg Jewellery 2012; p. 009 Mark Large/Daily Mail/Rex Features; p. 010 Institute of Chicago, Guillaume Blanchard; p. 011 africa924/Shutterstock.com, catwalking.com; p. 012 Zzvet/Shutterstock.com, Børg Jewellery 2012, Chris Moore; p. 014 © Deakins & Francis 2011, Mawi; p. 015 Ana de Costa, Hanover Saffron; p. 016 Rex Features, The Art Archive/Museum of London; p. 017 Gisèle Ganne, Jacqueline Cullen; pp. 018–19 Courtesy of Lalique; p. 020 © Cheltenham Art Gallery & Museums, Gloucs, UK/The Bridgeman Art Library; p. 021 Paramount/Kobal/E.R. Richee; p. 022 Sipa Press/Rex Features; p. 023 Hanover Saffron, © Illustrated London News Ltd/Mary Evans; Paramount/Kobal/Howell Conant; p. 024 Sjaak Ramakers; p. 025 © Condé Nast Archive/Corbis; p. 026 Gunter W. Kienitz/Rex Features; p. 027 Gisèle Ganne; p. 028 Tomasz Donocik; p. 029 Full Focus Photography Ltd; pp. 030–1 Courtesy of Lalique; p. 032 Leyla Abdollahi, London; p. 033 Jacob Ehnmark, SMITH/GREY Jewellery Design Studio; p. 034 David Ferrua; p. 036 Boodles; p. 037 SMITH/GREYJewellery Design Studio; p. 038 Mitchell Sams, Ugo Camera; p. 039 Mitchell Sams, David Ferrua; p. 040 Courtesy of Stephen Webster, courtesy of Gagosian Gallery; p. 041 Courtesy of Gagosian Gallery; p. 042 David Dettmann Photography; p. 043 Courtesy of Atelier Swarovski; p. 044 Hedone Romane; p. 045 Violet Darkling; p. 046 Sølve Sundsbø, Katie Hillier; p. 047 Linda Bujoli, Lara Bohinc International Ltd; p. 048 Agi Kolman@kolman photography; p. 050 Hattie Rickards Jewellery; p. 051 Agi Kolman@kolman photography; p. 054 Courtesy of Professional Jeweller, courtesy of Stephen Webster; pp. 055–7 Courtesy of Stephen Webster; p. 058 Elizabeth Campbell, Edinburgh College of Art, Jewellery and Silversmithing Department; Mari Ebbitt, eca 2010; p. 059 Rebecca Vigers, eca, 2010; p. 061 willhayman.com; p. 062 Tim Brightmore; p. 063 Courtesy of Shaun Leane; p. 064 ModAmont © Carol Desheulles, BASELWORLD; pp. 066–7 Lauren Egan-Fowler; p. 069 Lauren Egan-Fowler; p. 070 Dorothée Pugnet; pp. 072–3 Dorothée Pugnet; p. 074 packshot.com, nicholaskayphotography.com; p. 075 Design © Alice Menter 2010, Claire English – Special Jewellery Company; p. 076 Simon Harris, Tim Brightmore; p. 077 Tim Brightmore; p. 079 Tim Brightmore; p. 080 © Ciara Bowles, eca, 2010; p. 083 Mackinnon; p. 084 Courtesy of Erickson Beamon; p. 085 Courtesy of Erickson Beamon, Ken Towner/Evening Standard/Rex Features; pp. 086–8 Sarah Ho; p. 089 Courtesy of Lalique; Ana de Costa; p. 090 Daisuke Sakaguchi, Courtesy of Lalique; p. 091 Courtesy of Lalique; pp. 093–4 Courtesy of Jack Meyer/H3-D Technology Ltd; p. 095 Özer Öner/Shutterstock.com; p. 096 Full Focus Photography Ltd; p. 097 Joanna Dahdah; pp. 098–9 Dorothée Pugnet; pp. 100–1 Salima Thakker; pp. 102–3 Courtesy of Maeve Gillies; pp. 104–5 Mariko Sumiko, eca, 2011; pp. 107–8 Courtesy of Peter Pedonomou; p. 110 John Hooper/LBi; p. 112 Angus Taylor, Hanover Saffron; p. 113 Hanover Saffron; p. 114 Adrian Dennis/Rex Features; p. 115 Longmire; p. 116 Boodles; p. 117 Courtesy of Lalique; p. 119 Elizabeth Galton; p. 120 Jocelyn Burton/De Beers; p. 121 Hanover Saffron; p. 122 Dunhill; p. 129 Dan Lecca; p. 131 Elizabeth Galton; p. 134 Andrew Geoghan, image is subject to copyright law, Elizabeth Galton; p. 135 Elizabeth Galton; p. 136 Domink Pabis/iStockphoto.com, Dunhill; p. 137 Tanuki Photography/iStockphoto.com, Rex Features; p. 138 nicholaskayphotography.com, William Cheshire; p. 139 Allumer, SHO Fine Jewellery; p. 140 Allumer; p. 141 Jochen Braun; p. 142 Nils Jorgensen/Rex Features; p. 145 Boticca.com, Elizabeth Galton; p. 146 www.packshot.com; p. 147 www.capturefactory.co.uk; p. 149 SMITH/GREY Jewellery Design Studio; p. 151 Courtesy of Gagosian Gallery; p. 152 Mackinnon; p. 154 Tatsutoshi Okuda; pp. 156–7 Boodles; p. 159 Courtesy of Atelier Swarovski, Kaylie Mountford; pp. 160–1 Courtesy of Erickson Beamon; p. 162 Brian Bowden Smith, Courtesy of Atelier Swarovski; pp. 163–5 Courtesy of Atelier Swarovski; p. 167 Violet Darkling.

All reasonable attempts have been made to trace, clear and credit the copyright holders of the images reproduced in this book. However, if any credits have been inadvertently omitted, the publisher will endeavour to incorporate amendments in future editions.

Page numbers in italics refer to illustration captions.

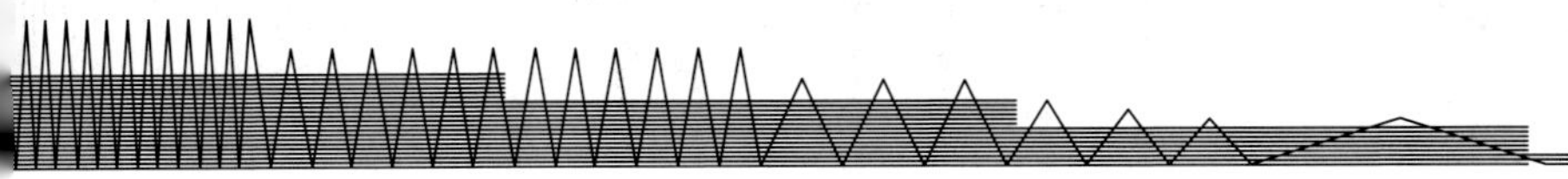